Christian Hesse
Karsten Schwanke

VON GLÜCKSZAHL BIS GEHEIMZAHL

Mit Mathe die Rätsel des Alltags lösen

DROEMER⊛

Besuchen Sie uns im Internet:
www.droemer.de

Aus Verantwortung für die Umwelt hat sich die Verlagsgruppe
Droemer Knaur zu einer nachhaltigen Buchproduktion verpflichtet.
Der bewusste Umgang mit unseren Ressourcen, der Schutz unseres Klimas
und der Natur gehören zu unseren obersten Unternehmenszielen.
Gemeinsam mit unseren Partnern und Lieferanten setzen wir uns für
eine klimaneutrale Buchproduktion ein, die den Erwerb von Klimazertifikaten
zur Kompensation des CO_2-Ausstoßes einschließt.
Weitere Informationen finden Sie unter:
www.klimaneutralerverlag.de

Originalausgabe April 2020
Droemer Verlag
Ein Imprint der Verlagsgruppe
Droemer Knaur GmbH & Co. KG, München
Alle Rechte vorbehalten. Das Werk darf – auch teilweise – nur mit
Genehmigung des Verlags wiedergegeben werden.
Redaktion: Claudia Krader
Covergestaltung: Isabella Materne, München
Coverabbildung: Arne Weychardt Photography, Hamburg
Satz: Adobe InDesign im Verlag
Druck und Bindung: GGP Media GmbH, Pößneck
Printed in Germany
ISBN 978-3-426-27819-2

2 4 5 3 1

Inhalt

Riskanter Geburtstag

1:1 000 000 – ein Millionstel. Es bezeichnet den millionsten Teil von etwas. Handelt es sich dabei um eine Wahrscheinlichkeit, dann ist es der millionste Teil von 100 Prozent Wahrscheinlichkeit. Der millionste Teil von absoluter Sicherheit also. Das ist nicht viel.

Eine naheliegende Frage ist, ob und wie man sich diese winzige Wahrscheinlichkeit vorstellen kann. Nun, es gibt mehrere Möglichkeiten. Wenn Sie eine Münze zwanzigmal werfen und jedes Mal kommt *Kopf,* dann ist ein Ereignis eingetreten, das ziemlich genau diese Wahrscheinlichkeit hat. Halten Sie dieses Münzwurfereignis für extrem unwahrscheinlich? Dann funktioniert Ihre Intuition sehr gut.

Eine andere bildliche Vorstellung ist lebendiger, da wesentlich lebensbezogener. Allerdings hat sie eigentlich nicht direkt mit dem Leben zu tun, sondern vielmehr mit dem Ableben, mit dem Sterben. Denn ein Millionstel ist eine konkrete Sterbewahrscheinlichkeit. Es ist das Sterberisiko eines ottonormalen 25-jährigen Menschen an einem ottonormalen Tag, die Wahrscheinlichkeit im Alter von 25 morgens aufzustehen und den Tag nicht zu überleben. Bei uns in Mitteleuropa, nicht in Kriegs- oder Krisenregionen, in denen die Sterbewahrscheinlichkeit deutlich höher ist. Der Tag unseres 25-Jährigen sollte nicht mit irgendwelchen riskanten Elementen gespickt sein.

Mathematiker können also die Risiken fürs Sterben messen. Sie haben dafür eine Maßeinheit entwickelt, das MikroMort. Mikro ist eine Vorsilbe, die in der Wissenschaft für den millionsten Teil steht. Ein Mikrometer etwa ist der millionste Teil eines Meters, also der tausendste Teil eines Millimeters. Ein normales menschliches Haar misst 50 Mikrometer im Durchmesser, eine Spinnfaser sechs Mikrometer, und die größten Bakterien wachsen bis etwa einen Mikrometer.

Doch wir waren ja bei MikroMort. Mort ist das französische Wort für Tod. Ein MikroMort ist also ein Millionstel statistischer Tod.

Mit 25 stehen die meisten Menschen voll im Leben. Ein normales Leben mit 25 mitten in Europa ist in der Praxis und zum Glück nicht sehr gefährlich. Dabei ist 25 nicht einmal das risikoärmste Lebensalter. Statistisch gesehen ist man dem geringsten Sterberisiko im Alter von zehn Jahren ausgesetzt. Es beträgt ein Viertel MikroMort.

In diesem Alter ist die Säuglingssterblichkeit überwunden, und gefährliche Kinderkrankheiten treten nur noch sehr selten auf. Die Kinder werden von den Eltern noch im Straßenverkehr beaufsichtigt und nehmen noch nicht als rasante Motorradfahrer am Straßenverkehr teil. Im Gegenteil. Helikoptereltern fahren sie sogar zur Schule und holen sie dort auch wieder ab. Hat man sein Pausenbrot vergessen, fahren sie noch mal hin, klopfen ans Klassenzimmer und bringen es dem – natürlich – hochbegabten Sprössling während des Unterrichts, dem das »voll peinlich« ist. Egal: All das macht das Alter von zehn Jahren zum ultimativen Risiko-Paradies: Weniger gab's nicht und gibt's nicht.

Von zehn Jahren aus betrachtet steigt die Risikokurve an. In die eine Richtung bis zurück zur Geburt. Und zwar bis hin zum allerersten Tag. Der hat es tatsächlich in sich. Bei der Geburt und kurz danach beträgt das Sterberisiko satte 1300 MikroMort. So riskant ist ein normaler Tag des Lebens erst im Alter von glatten 100 Jahren wieder. Was das Risiko angeht, sind also Säuglinge mit Greisen vergleichbar. Bei uns in Deutschland jedenfalls. In den Entwicklungsländern ist die Säuglingssterblichkeit wesentlich höher, das Risiko größer, und 100-Jährige gibt es dort sehr selten, wenn überhaupt.

Doch wir wollen nicht vorgreifen. Nach dem ersten Tag klingt das Risiko zum Glück ziemlich schnell ab. Ein Jahr später ist es schon auf fünf MikroMort heruntergegangen, nach zwei Jahren sogar auf zwei Drittel MikroMort. Es fällt sogar noch weiter, kontinuierlich geht es bergab bis auf ein tägliches Sterberisiko von einem Viertel MikroMort im zehnten Lebensjahr. Von da an geht es bergauf, und zwar immer. Das Leben wird von nun an riskanter. Das macht hoffentlich niemandem Angst. Wir treffen nur eine ganz sachliche Feststellung.

Mit 25 Jahren erreichen wir den bereits erwähnten Schwellenwert von einem MikroMort. Von da an verdoppelt sich unser Sterberisiko im Schnitt alle sieben Jahre. Mit 32 sind es zwei MikroMort, mit 40 etwa vier MikroMort. Werden wir 60, schultern wir 28 Mikromort, mit 80 sind wir bei 150 angekommen, und mit 90 stehen jeden Tag satte 500 MikroMort dem Weiterleben entgegen. Im goldenen Alter von 100 Jahren sind es wieder 1300 MikroMort.

Vielleicht fragen Sie sich nun, welches der riskanteste Tag eines Jahres ist? Was ist das wahrscheinlichste Todesdatum? Vor welchen Tagen sollten wir uns besonders in Acht nehmen?

Wenn Sie Geburtstage mögen, kommt jetzt eine schlechte Nachricht. Kurioserweise sind es unsere Geburtstage, die das Leben gefährlicher machen. Eine groß angelegte Studie, bei der die Lebensdaten von vielen Millionen Menschen abgeglichen wurden, ergab, dass am eigenen Geburtstag das Sterberisiko gegenüber anderen Tagen des Jahres um 14 Prozent erhöht ist. Das ist bei Frauen und bei Männern übrigens gleich.

Einen interessanten Unterschied gibt es aber zwischen den Geschlechtern. Bei Frauen ist das Sterberisiko am Geburtstag und in der gesamten Woche *danach* erhöht. Bei Männern dagegen ist es am Geburtstag und in der Woche *davor* erhöht. Für die Erklärung dieses Effekts muss die Psychologie bemüht werden. Generell bilden Mathematiker und Psychologen ein Dream-Team. Die einen sind Experten fürs Rationale und die anderen fürs Emotionale.

Die Psychologen erklären diesen Umstand so, dass Geburtstage emotionale Ereignisse sind. Bei älteren Frauen sind sie emotional sehr positiv besetzt. Sie freuen sich darauf. In der Regel kommt die Familie zusammmen, man sieht sich mal wieder. Meist sind ältere Frauen außerdem mit den Vorbereitungen beschäftigt, was zusätzlich die Vorfreude steigert, positiven Stress ausübt und sie auf diese Weise dynamisiert. Am Geburtstag selbst ist es dann aber oft zu viel mit dem Stress. Ein zu großer Hype. In der Woche danach fällt der positive Stress ab und weicht der Erschöpfung und Ermattung. Ist man nicht mehr ganz jung, kann das für den Körper ziemlich ungut sein. Und den entscheidenden Unterschied machen.

Bei Männern ist das psychologische Muster anders. Für viele ältere Männer sind Geburtstage emotional eher negativ besetzt, meinen die Psychologen. Naht ein solches Datum, wird verstärkt über das Leben reflektiert. Der Mann muss sich eingestehen, dass sich anfängliche Erwartungen nicht erfüllt haben. Was hatte man in der Jugend für Pläne und Träume! Und was ist daraus geworden? Er sieht sich hinter seinen selbst gesteckten Zielen zurückgeblieben.

Bei vielen älteren Männern beherrscht dieses nicht zu unterschätzende Lebensgefühl die Woche vor dem Geburtstag. Die Stimmungslage wirkt sich offenbar bei einigen psychosomatisch aus. Am Geburtstag selbst kommt auch bei Männern eine Dosis ungewohnter Stress dazu. Überdurchschnittlicher Alkoholkonsum und die daraus resultierende erhöhte Unfallgefahr tun ein Übriges.

Im Alter von 90 Jahren mit den per se bestehenden 500 Mikro-Mort an normalen Tagen führen die zusätzlichen 14 Prozent am Geburtstag zu 70 zusätzlichen MikroMort. Kurzum: Für betagte Menschen sind Geburtstage Hochrisikotage.

Nehmen wir nur die wahre Geschichte von drei betagten Brüdern, von denen die beiden älteren ihren 90. Geburtstag feierten und beide am Abend dieses Tages starben. Das veranlasste den Jüngeren der drei dazu, sich zu seinem eigenen 90. Geburtstag jegliche Feier zu verbitten. Alle, die ihm gratulieren wollten, empfing er in den Wochen danach, jeweils nur einzeln und immer nur für eine kurze Zeitspanne. Er wurde über 100 Jahre alt.

Halten wir fest, dass bestimmte Aktivitäten unser Risiko erhöhen. Um wie viel das Risiko steigt, hängt natürlich davon ab, was wir tun und wie wir es tun. Dazu später mehr.

Doppelter Geburtstag

Was glauben Sie? Wie viele Menschen müssten Sie zusammenbringen, damit die Chance 50:50 ist, dass mindestens zwei Personen (unabhängig vom Alter) am gleichen Tag Geburtstag haben? Also am gleichen Tag und im gleichen Monat?

Wir verraten es Ihnen. 23!

Die erste Reaktion der meisten Leute ist: »Wie, nur so wenige?« Wir glauben eigentlich, dass viel mehr Personen nötig wären. Sollte die Chance 100 Prozent betragen, bräuchten wir immerhin 366 Menschen, damit zwei am gleichen Tag Geburtstag haben. Lassen wir Schaltjahre unter den Tisch fallen und streichen den 29. Februar, haben wir ein Jahr mit 365 Tagen. Damit sicher eine Person mit einer anderen Person Geburtstag feiert, brauchen wir also 365 + 1 Personen, das macht 366.

Doch bereits 23 Leute reichen für eine 50-prozentige Chance, dass darunter zwei Menschen mit dem gleichen Geburtstag sind. Eine kleine Umkehrrechnung bestätigt das.

Wie wahrscheinlich ist es, dass alle 23 Personen verschiedene Geburtstage haben? Die erste Person hat irgendeinen Geburtstag. Dann bleiben für die zweite Person noch 364 Möglichkeiten und eine Wahrscheinlichkeit von 364/365, dass sie an einem anderen Tag Geburtstag feiern kann. Für die dritte Person verbleiben 363 Tage und die Wahrscheinlichkeit von 363/365 für einen eigenen Geburtstag. So geht es weiter bis zur 23. Person mit der Wahrscheinlichkeit 343/365.

Jetzt multiplizieren wir all diese Wahrscheinlichkeiten, also alle Brüche. Was kommt dabei am Ende heraus? 0,5!

$$\frac{364}{365} \times \frac{363}{365} \times \frac{362}{365} \times ... \times \frac{344}{365} \times \frac{343}{365} = 0{,}5$$

Eine Wahrscheinlichkeit von 0,5 bedeutet eine 50-prozentige Wahrscheinlichkeit für die Chance, dass alle 23 Geburtstage verschieden sind. Daraus ergibt sich auch eine 50-prozentige Chance auf das Gegenteil, dass nämlich mindestens zwei Geburtstage gleich sind.

Das wiederum bedeutet, dass im Schnitt bei jedem zweiten Fußballspiel mit 2 x 11 Spielern plus 1 Schiedsrichter auf dem Feld zwei Leute am gleichen Tag Geburtstag feiern. Nehmen wir doch mal die 23 Spieler, die Jogi Löw für die Fußball-WM 2018 nominiert hatte. Tatsächlich: Niklas Süle und Jerome Boateng haben am gleichen Tag Geburtstag, am 3. September.

Leider hat das, wie wir alle wissen, nicht zum Weltmeistertitel gereicht, aber das wollen wir an dieser Stelle nicht weiter vertiefen.

Wer reist, lebt gefährlich

Der bzw. die Durchschnittsdeutsche ist 43 Jahre alt, heißt mit Nachnamen Müller und mit Vornamen Thomas oder Sabine. Das waren die häufigsten Vornamen Mitte der 1970er-Jahre. Jedes Jahr macht er oder sie eine Urlaubsreise von mehr als 5 Tagen, die 1100 Euro kostet. Dazu kommen Kurzurlaube mit bis zu vier Tagen, die sich 2018 bei allen Deutschen zu 88 Millionen Reisen addierten und insgesamt 23 Milliarden Euro kosteten.

Das beliebteste Urlaubsland der Deutschen ist Deutschland. 27 Prozent der Deutschen verbrachten ihren Urlaub letztes Jahr im Inland, gefolgt von Spanien (14 Prozent), Italien (8 Prozent), der Türkei und Österreich (je 5 Prozent).

45 Prozent der Deutschen fahren mit dem Auto in den Urlaub, 41 Prozent steigen in einen Flieger, und je 6 Prozent nehmen Bus oder Bahn.

Für die große Mehrheit der Deutschen spielt Sicherheit beim Reisen und im Urlaub die wichtigste Rolle. Sie will sich keinen unnötigen Reiserisiken aussetzen. Doch unser Leben ist gespickt mit Risiken. Und das Leben ist irgendwie auch eine Reise.

Der lateinamerikanische Schriftsteller Jorge Luis Borges hat in einer schönen Geschichte einmal das Leben als »Pfad im Garten der sich gabelnden Wege« bezeichnet. An den Gabelungen können wir uns für den einen oder einen anderen Weg entscheiden. Aber manchmal haben wir gar keine Entscheidungsfreiheit. Dann werden wir vom Schicksal einfach irgendwo hingeschoben.

Eine Reise als Pfad in einem Garten der sich gabelnden Wege. Das ist sehr poetisch ausgedrückt. Weniger poetisch als ein Dichter würde es eine DIN-Norm sagen, die es ja heutzutage für alles gibt. Die würde möglicherweise so lauten: Eine Reise ist eine der Erreichung eines bestimmten Ziels dienende Fortbewegung über eine gewisse Entfernung.

Na gut, die Reise unseres Lebens beginnt mit der Geburt. Klar, auch die Geburt lässt sich als ein Stück dieser Reise auffassen. Und auch als ein Stück Risiko. Für die allermeisten von uns ist es die gefährlichste Aktivität, die wir je machen, das gefährlichste Stück Weg, das wir je zurücklegen, um es einmal so auszudrücken. Doch was wäre die Alternative?

Leben ist nun mal lebensgefährlich. Das ist erst einmal nur eine qualitative Einschätzung. Mathematiker aber lassen nicht eher locker, bis sie es genau sagen können. Wann ist was wie gefährlich? Und was heißt hier ungefährlich?

An anderer Stelle hatten wir das MikroMort als Maß für das Risiko erwähnt, das die Mathematiker benutzen, um Sterberisiken altersspezifisch zu messen. Und zwar auf einer Skala mit einem Zahlenwert und einer Einheit. Ein 25-Jähriger hat an einem normalen Tag ein Sterberisiko von 1:1 000 000. Das ist genau 1 MikroMort.

Man kann dieses Maß auf jede andere Aktivität anwenden. Eine Aktivität hat ein Risiko von 1 MikroMort, wenn man bei ihrer Ausübung mit einer Wahrscheinlichkeit von 1:1 Million stirbt.

Nehmen wir das Rauchen. Inzwischen hat es sich herumgesprochen, dass es ungesund ist. Aber wie ungesund eigentlich genau? Wie viele Zigaretten kann ich an einem Tag rauchen, bis ich ein weiteres Risikopaket von 1 MikroMort angesammelt habe? Die Antwort gibt zu denken: Es sind nur drei Zigaretten. Das ist nicht viel. Drei Kippen am Tag, und unser ottonormaler 25-Jähriger belastet sich mit einem weiteren MikroMort Sterberisiko. In seinem Fall bedeutet es sogar, dass er sein Tagesrisiko verdoppelt.

Rauchen ist ein nachgewiesener Risikofaktor für Lungenkrebs, und der verkürzt unser Leben. Wer mit 17 Jahren anfängt, jeden Tag 15 Zigaretten zu rauchen, verkürzt sein Leben statistisch gesehen um volle 7 Jahre.

Dass diese Tatsache nicht bei allen Menschen die beabsichtigte Wirkung hat, liegt daran, dass jeder jemanden kennt, der sein ganzes Leben geraucht hat wie ein Schlot und trotzdem steinalt geworden ist. Sie bestimmt auch, oder? Wie zum Beispiel Helmut Schmidt. Wir vergessen dabei gern, dass das seltene Einzelfälle sind.

Die Statistik der großen Masse spricht eine andere Sprache. Was sagt sie uns genau?

Rechnet man die 7 Jahre eingebüßter Lebenszeit aufgrund von 15 täglichen Zigaretten seit der Jugend auf eine einzelne Zigarette um, dann verkürzt jede Zigarette das Leben um 10 Minuten. 10 Minuten hergeben, um 20-mal an einem Glimmstängel zu ziehen? Für einen fraglichen Genuss, der noch dazu die Lunge teert? Hm.

Die drei Zigaretten, mit denen sich der Raucher ein weiteres MikroMort aufbürdet, verkürzen sein Leben demnach um 30 Minuten. Bei normaler Lebenserwartung ist das etwa der millionste Teil des Lebens. Der britische Statistiker David Spiegelhalter hat für diese Zeitspanne deshalb den Begriff »MikroLife« eingeführt, also MikroLeben. Das erlaubt die kompakte Faustregel: Ein zusätzliches MikroMort kostet ein MikroLeben.

Das kann man sich auch so klarmachen. Was heißt das für unseren durchschnittlichen 25-Jährigen? Sein Tagesrisiko beläuft sich auf ein MikroMort. Das wissen wir schon. Was macht dieses Risiko mit seiner Lebenserwartung?

Nun, mit einer Wahrscheinlichkeit von 1 Millionstel ereilt ihn der statistische Tod, und sein Leben endet. Mit der Gegenwahrscheinlichkeit von 999 999 Millionstel passiert nichts, und er hat die normale weitere Lebenserwartung, die man mit 25 Jahren hat. Das sind 55 weitere Jahre. Insofern verkürzt das eine MikroMort die Lebenserwartung um 1 Millionstel von 55 Jahren, was wiederum 30 Minuten sind, also 1 MikroLife.

Rauchen ist natürlich nicht das einzige Laster, dem man frönen kann und für das man mit einer statistischen Portion seines Lebens zahlt. Trinken Sie jeden Tag einen halben Liter Bier? Das hat dieselbe Wirkung. Selbst an sich nützliche Unternehmungen wie eine Röntgenaufnahme kosten aufgrund möglicher Spätfolgen (Krebs) 1 MikroLeben. Ebenso verhält es sich mit jedem einzelnen Tag, an dem Sie 5 Kilogramm Übergewicht mit sich herumschleppen.

Sogar ein Marathonlauf, der nach verbreiteter Ansicht eigentlich gesund ist, hat es in sich. Nicht nur die ganze Plackerei und der Stress für Knie- und Fußgelenke, sondern Sie bekommen darüber hinaus satte 7 MikroMort aufs Risikokonto gebucht. Eine Entbindung ist für die Mutter mit 120 MikroMort zu veranschlagen, ein Kaiserschnitt mit 170. Das ist ein recht beachtliches Risiko, trotz der modernen Medizin. Zum Vergleich: Ein Tag als Soldat in Afghanistan schlägt vergleichsweise nur mit 33 MikroMort zu Buche.

In einem anderen Beitrag haben wir erklärt, dass bei 90-Jährigen allein das Feiern des Geburtstages 70 zusätzliche MikroMort ausmacht. Rein risikotechnisch entspricht das zwei Tagen als Soldat in Afghanistan. Hätten Sie die Wahl zwischen beidem, würden Sie nicht auch lieber Ihren Geburtstag feiern und es dabei richtig krachen lassen?

Es geht uns nicht darum, Risiken auf die leichte Schulter zu nehmen. Oder jedenfalls nur ein wenig. Vielmehr soll die Vermessung der Risiken bei uns allen zu einer Risiko-Mündigkeit führen. Etwa auch in Bezug auf das Reisen. Womit wir wieder beim Thema wären.

Sie kennen die Frage, was das sicherste Beförderungsmittel ist? Flieger, Bahn oder Auto? Mit der Messgröße MikroMort kann man diese Frage beantworten. Dazu müssen wir wissen, wie viele Kilometer wir jeweils zurücklegen können, um ein weiteres MikroMort anzusammeln. Beim Autofahren sind das nur 500 km, beim Bahnfahren 10 000 km, und als Passagier im Flugzeug stellt sich diese Risiko-Portion erst nach 12 000 km ein.

Dramatisch anders verhält es sich beim Motorradfahren. Dabei haben Sie wahrscheinlich ohnehin vermutet, dass motorisierte Zweiräder nicht ungefährlich sind. Und tatsächlich, alle 40 km einer flotten Motorradfahrt kommt ein weiteres MikroMort zusammen. Aber hätten Sie gedacht, dass das beim Fahrradfahren schon nach 15 km der Fall ist? Wahrscheinlich nicht.

Die Zahlen verraten uns, dass Fliegen rein risikotechnisch scheinbar am sichersten ist. Das ist auch fast richtig, aber eben nur fast. Das Fliegen liegt nur auf Platz 2. Es gibt Beförderungsmittel, die noch mehr Sicherheit bieten, das sind Aufzüge. Aufzugfahren ist noch sicherer als Fliegen. Doch man kommt leider so schlecht mit einem Aufzug in den Urlaub. Außer, man will den auf der Dachterrasse eines Hochhauses verbringen. Vielleicht ist diese Überlegung der Anfang von einem neuartigen Geschäftsmodell, eine kreative Urlaubsidee für ganz besonders risikoscheue Naturen.

Fazit: Ein Leben ohne Risiko ist unmöglich, selbst wenn Sie sich in die sprichwörtliche Watte packen. Das killt dann aber auch die Lebensfreude. Sinnvolle Lebensgestaltung besteht für jeden von uns darin zu entscheiden, welche Risiken wir möglichst vermeiden wollen und welche wir für den Spaß am Leben bereit sind einzugehen. Wer das kompetent machen möchte, muss die Risiken richtig einschätzen. Dabei haben wir hoffentlich ein bisschen geholfen.

Die Frauenfrage

In einer Zeitschrift haben wir ein interessantes Rätsel gefunden: *Jemand bemerkte, dass er am Tage seiner Hochzeit dreimal so alt war wie seine Frau und 15 Jahre später nur noch doppelt so alt ist. Wie alt war die Frau bei der Hochzeit?*
Wir könnten jetzt plump raten, aber lassen Sie uns die Antwort lieber korrekt ausrechnen. Dann können wir zwei Gleichungen aufstellen, indem wir mit y das Alter des Mannes bei der Hochzeit und mit x das Alter seiner Frau bei der Hochzeit bezeichnen. Die erste Gleichung lautet dann

$$y = 3x$$

weil der Mann dreimal so alt wie seine Frau war. Die zweite Gleichung, fünfzehn Jahre später, können wir so formulieren:

$$y + 15 = 2(x + 15)$$

Der Mann auf der linken Seite der Gleichung war nur noch doppelt, also zweimal so alt wie seine Frau. Ersetzen wir jetzt in der zweiten Gleichung y durch 3x (aus der ersten Gleichung), können wir x ausrechnen:

$$3x + 15 = 2 (x + 15)$$
$$\rightarrow x = 15$$

Das Alter der Frau bei der Hochzeit betrug 15 Jahre. Der Mann war bei der Hochzeit 45 Jahre alt. 15 Jahre später ist der Mann 60 und seine Frau 30 Jahre alt. Damit ist er doppelt so alt wie sie. Passt! Oder?

So weit die nackte Mathematik, aber was war das denn für eine Hochzeit? Die Frau heiratet im jugendlichen Alter von 15 Jahren? Das ist verboten und damit strafbar!

Bevor jetzt alle Schnappatmung bekommen: Zum Zeitpunkt des Erscheinens dieses mathematischen Rätsels im Jahre 1707 war eine Heirat von Frauen im Alter von 15 Jahren nicht gesetzeswidrig. So befremdlich es in unseren Ohren klingen mag, auch heute gibt es viele Länder, in denen Mädchen und Frauen heiraten dürfen, wenn sie unter 18 Jahre alt sind. Im US-Staat Massachusetts gilt ein Mindestalter von 12, im Iran von 13 und in Estland von 15 Jahren.

Das Rätsel aus dem Jahre 1707 erschien übrigens in der englischen Frauenzeitschrift *The Ladies Diary*.

Das war ein engagiertes Blatt im London des 18. und 19. Jahrhunderts. Es enthielt Kochrezepte, medizinische Tipps, Geschichten aus der Gesellschaft und naturwissenschaftliche Rätsel. Die Damenzeitschrift erschien mit dem bedeutungsvollen Untertitel: *Containing new improvements in arts and sciences, and many entertaining particulars. Designed for the use and diverse of the fair sex.* Auf Deutsch: Berichtet über neue Entwicklungen in Kunst sowie Wissenschaft und enthält viele unterhaltsame Einzelheiten. Geschrieben zur Beschäftigung und Ablenkung des schönen Geschlechts.

Wow, eine Frauenzeitschrift, in der es um wissenschaftliche Themen geht – und das in der damaligen Zeit!

Um das zu verstehen, sollten wir bedenken, dass zu Beginn des 18. Jahrhunderts, also zur Zeit der Gründung der Zeitschrift, die Newton'sche Ära in voller Blüte stand. Seine neuen mathematischen Methoden der Naturforschung wurden in den Salons und Klubs der damaligen Gesellschaft heiß diskutiert. Es gab einen regelrechten Hype um die Mathematik – und keinerlei Klischees über Frauen, die sich mit dieser Wissenschaft beschäftigen.

Im *Ladies Diary* gab es aber nicht nur mathematische Rätsel. Sehr beliebt waren außerdem astronomische Themen, Fragestellungen zum Sonnenaufgang und -untergang, zu den Mondphasen und zu besonderen Tagen des Jahres, wie der Sommersonnenwende. Die naturwissenschaftlichen Rätsel und Fragestellungen wurden meistens in einer Versform geschrieben. Womöglich, weil es den unterhaltsamen Charakter unterstreichen sollte.

Wir würden es sehr begrüßen, wenn wir heute, 300 Jahre nach Erscheinen der ersten mathematischen Rätsel in einer Frauenzeitschrift, an die viktorianische Zeit anknüpfen und Mädchen und Frauen ermuntern könnten, sich auf unterhaltsame Art mit Mathematik zu beschäftigen.

Warum vertauscht ein Spiegel
links und rechts?

Hm, das ist eine interessante Frage. Aber sie ist leider falsch. Ja, auch Fragen können falsch sein, nämlich falsch gestellt. Wie in diesem Fall. Denn sie geht offensichtlich davon aus, dass ein Spiegel tatsächlich links und rechts vertauscht. Aber tut er das wirklich?

Es gibt übrigens viele Menschen, die das denken. Vielleicht ist es sogar die Mehrheit. Wenn Sie zu dieser Mehrheit gehören, dann wundern Sie sich möglicherweise, warum ein Spiegel nicht auch oben und unten vertauscht?

Dass er das nicht tut, könnte natürlich an uns liegen. Etwa daran, dass unsere Augen nebeneinander angeordnet sind und nicht übereinander. Aber so einfach ist es nicht. Denn wenn wir ein Auge schließen und nur durch das andere schauen, sehen wir immer noch dasselbe Spiegelbild. Auch Menschen, die zeitlebens nur ein funktionierendes Auge hatten, haben bei Spiegeln denselben Eindruck wie wir. Es passiert etwas mit links/rechts, aber nicht mit oben/unten.

Würde ein Spiegel jedoch nur links und rechts vertauschen, wäre das wirklich kurios, nicht wahr? Dann würde er die Waagerechte anders behandeln als die Senkrechte. Wir müssten uns fragen, woher er weiß, was senkrecht und was waagrecht ist. Denn er ist in seinen beiden Ausdehnungsrichtungen völlig gleich gebaut. Außerdem würde sich der Effekt mitdrehen, wenn wir den Spiegel aus der vertikalen Position auf die Seite legen. Das ist aber nicht der Fall. Wenn Sie Lust haben, können Sie das ja ausprobieren.

Nach diesem ganzen Vorspiel wollen wir Sie nun nicht länger auf die Folter spannen. Kommen wir zur Auflösung des sogenannten Spiegelparadoxons. Da können wir Ihnen guten Gewissens versichern, dass Spiegel wenig paradox sind. Denn der Spiegel vor uns an der Wand vertauscht weder links und rechts noch oben und unten.

Beides nicht!

Sie sind nicht einverstanden mit dieser Behauptung? Dann werden wir versuchen, sie plausibel zu machen.

Zeigt jemand, der in den Spiegel schaut, mit seinem linken Arm nach links, dann zeigt auch im Spiegelbild sein Arm – vom Original aus betrachtet, also von der Person vor dem Spiegel aus gesehen, nach links. Entsprechend verhält es sich, wenn sie mit dem rechten Arm nach rechts zeigt. Also kein Vertauschen.

Aber was tut ein Spiegel dann? Denn irgendetwas passiert offensichtlich. Das wird deutlich, wenn wir ein beschriebenes Blatt Papier vor den Spiegel halten. Die Schrift geht in Spiegelschrift über, und man kann sie nur noch schlecht oder gar nicht mehr lesen. Dass wir meinen, da sei etwas komisch mit links und rechts, beruht auf einer psychologischen Täuschung.

Und jetzt kommt's! Ein Spiegel vertauscht vorne und hinten! Im Ernst. Das können Sie am einfachsten nachvollziehen, wenn Sie mit einem Zeigefinger auf den Spiegel zeigen. Dann ist im Original, also bei Ihnen und auch von Ihnen aus gesehen, Ihre Fingerspitze hinten und der Anfang des Fingers davor, also näher bei Ihnen.

Vom Spiegelbild zeigt ein Finger auf Sie zurück. Beim Finger im Spiegelbild ist von Ihnen vor dem Spiegel aus gesehen die Fingerspitze vorn, also näher an Ihnen, als der Anfang des Fingers, der dahinter ist. In der virtuellen Welt des Spiegels ist es demnach genau andersherum als in der richtigen Welt vor dem Spiegel.

Und was ist mit der Schrift im Spiegel?

Im Spiegel sieht man das gleiche Bild von der Schrift, als ob man sie durch ein sehr dünnes Blatt Papier von hinten betrachtet. Der Spiegelschrifteindruck entsteht also ebenfalls durch das Vertauschen von vorne und hinten.

Damit ist aber noch nicht alles geklärt. Denn wir würden gerne noch verstehen, woher die Täuschung kommt, dass ein Spiegel scheinbar links und rechts vertauscht.

Diese Täuschung verursachen wir selber. Sie findet in unserem Kopf statt. Weil wir uns in die Person im Spiegel hineinversetzen. Immer, wenn uns jemand so gegenübersteht wie die Person im Spiegel, dann befindet sich dessen linke Hand unserer rechten Hand gegenüber und die rechte Hand unserer linken.

Da wir selbst diese Person im Spiegel sind, stellen wir uns vor, wie wir in eine solche Position geraten könnten. Nämlich, indem wir uns auf einem Halbkreis um 180 Grad um eine vertikale Achse drehen. Dabei kehren sich alle Links-rechts-Verhältnisse um. Denn die hängen davon ab, wie man steht.

Oben und unten bleiben aber unverändert, denn unten ist der Boden, auf dem wir stehen, und oben ist immer in Richtung Himmel. Das bleibt auch bei einer Drehung um eine vertikale Achse so.

Also: Die Vertauschung von vorne und hinten, die der Spiegel einfach dadurch betreibt, dass er Licht reflektiert, entspricht in unserem Kopf einer Drehung um 180 Grad auf einem Halbkreis um eine vertikale Achse.

Sind Sie damit zufrieden? Oder sollen wir noch ein bisschen über Spiegelbilder nachdenken?

Sehen wir uns zum Beispiel Löffel an. Die spiegeln auch unser Bild. Wenn wir auf die Innenseite des Löffels schauen, entdecken wir das Bild unseres Kopfes, für mehr ist kaum Platz, und zwar diesmal auf dem Kopf. Vom Löffel werden tatsächlich oben und unten vertauscht.

Weil die Löffelinnenseite eine andere Art von Spiegel ist. Ein Hohlspiegel – wegen der Krümmung. Dieser Hohlspiegel wirft das Licht schräg zurück. Und zwar so, dass das Licht von unserem Kinn dahin gespiegelt wird, wo die Stirn ist, und umgekehrt. Eine Umkehrung gibt es jedoch sogar bei glatten spiegelnden Flächen, wenn sich die vor uns auf dem Boden befinden. Dort liegen Spiegel normalerweise selten. Ein Bergsee tut's auch! Wenn Sie an seinem Ufer stehen, zeigt sich derselbe Effekt. Der Berg hinter dem See hängt scheinbar mit der Spitze nach unten im Wasser.

Das liegt daran, dass Licht von der Bergspitze auf die Wasseroberfläche trifft, von dort gemäß *Reflexionsgesetz* (Einfallswinkel gleich Ausfallswinkel) auf unsere Netzhaut weitergeleitet und vom Gehirn zu einem Bild verarbeitet wird.

Unser Gehirn weiß aber nichts von der Umlenkung des Lichtstrahls und setzt ihn einfach rückwärts auf geradem Wege durch die Wasseroberfläche hindurch fort. Die Bergspitze scheint für uns unter Wasser zu sein. Warum? Die tiefer liegenden Teile des Berges senden Licht aus, das in kleineren Winkeln auf die Wasseroberfläche trifft. Weshalb das Bild in unserem Kopf weniger tief im Wasser zu sein scheint. So sehen Sie ein Spiegelbild, das zwar seitenrichtig, aber höhenvertauscht ist.

Solche Arten von Spiegeln waren wahrscheinlich die ersten, die vor vielen Tausend Jahren unsere Vorfahren betrachtet haben. Vielleicht haben sie sich damals gewundert, warum das Bild im See auf dem Kopf steht. Wir wundern uns heute eher über unsere Wandspiegel, die scheinbar links und rechts vertauschen. So ändern sich die Zeiten.

Sie wissen jetzt, dass jeder Spiegel seine Kunststücke dadurch ausführt, dass er Licht reflektiert. Dinge, die das gesamte Licht reflektieren, sehen für uns weiß aus. Deshalb sollte ein idealer Spiegel eigentlich die Farbe Weiß haben. Dann würde er alle Wellenlängen von Licht vollständig reflektieren.

Doch ein realer Spiegel reflektiert das Licht nicht vollständig. Einige wenige Prozent werden vom Spiegel geschluckt und nicht wieder abgegeben. Dieser Reflexionsanteil hängt ein bisschen von der Wellenlänge des Lichts ab.

Am stärksten reflektiert ein Spiegel das Licht mit der Wellenlänge von 510 Nanometern. Wenn Licht dieser Wellenlänge in unsere Augen fällt, sehen wir die Farbe Grün. Der Unterschied zwischen den verschiedenen Wellenlängen beim Reflexionsanteil ist allerdings so klein, dass uns ein Grünschimmer beim Spiegel meist nicht auffällt.

Anders ist es, wenn wir zwei Spiegel so anordnen, dass sie sich parallel gegenüberstehen. Diese Anordnung heißt Unendlichkeitsspiegel. Denn das vom ersten Spiegel gespiegelte Licht wird auf den zweiten zurückgespiegelt, dann wieder auf den ersten. Das geht endlos so weiter. Es bildet sich ein Spiegeltunnel, in dem bei wiederholter Reflexion die am stärksten reflektierte Wellenlänge von 510 Nanometern immer dominanter wird, sodass die Bilderfolge für uns zunehmend ein bisschen grüner wird.

Wenn Sie also jemand fragen sollte, welche Farbe ein Spiegel hat, können Sie sagen, ohne mit der Wimper zu zucken: Grün! Uns hat allerdings bisher noch keiner gefragt.

Der Fußballgott würfelt

Ist Elfmeterschießen eigentlich gerecht? Das ist so eine Frage, die sich jeder Fußballfan irgendwann stellt. Bevor wir uns um die Antwort kümmern, betrachten wir zuerst einmal das Spielfeld aus mathematischer Sicht. Wissen Sie, warum das Tor genauso groß ist, wie wir es kennen? Warum der Strafstoß vom Elfmeterpunkt geschossen wird?

Um diese Fragen zu beantworten, müssen wir den Blick Richtung England richten, ins Mutterland des Fußballs, und uns mit englischen Längenmaßen beschäftigen. Das Tor hat eine Breite von 7,32 Metern, womit natürlich niemand etwas anfangen kann, dem das metrische Längensystem vertraut ist. Umgerechnet sind es genau 8 Yards – und schon ergibt die Größe des Tors einen Sinn. Natürlich hat auch der Elfmeterpunkt englische Wurzeln. 12 Yards sind exakt 10,97 Meter. Genau genommen dürfen die Spieler das »Spielgerät« also 3 Zentimeter dichter ans Tor legen, als wir bisher dachten.

Das ändert allerdings nichts an dem Zweifel daran, ob Elfmeterschießen gerecht oder ungerecht ist. Offensichtlich haben alle dieselben Bedingungen. Gleiches Tor, gleicher Abstand des Elfmeterpunktes, gleicher Ball.

Doch statistische Untersuchungen vieler Tausend Elfmeterschüsse zeigen ein anderes Bild. Das Team, das den Münzwurf gewinnt, sollte *zuerst* schießen, es hat dann eine 60:40-Chance, das Elfmeterschießen zu gewinnen.

Natürlich ist Sport eine Mischung aus Können und Glück. Aber Big Data hat natürlich auch hier Einzug gehalten und offenbart interessante Aspekte, nicht nur für uns, sondern auch für Spieler und Trainer.

Fußball ist grundsätzlich ein Fifty-fifty-Spiel. Jedes zweite Tor hat einen großen Zufallsanteil, war ein Abpraller oder ging erst von Latte oder Pfosten ins Netz.

Der Zufall beim Fußball ist von ganz besonderer Struktur, die auch in anderen Zusammenhängen auftritt. Tore fallen so, wie Blitze in einer Region oder Verkehrsunfälle in einer Stadt vorkommen. Es gibt oft nur wenige Tore oder Blitze, selten aber auch mal viele. Diese Art von Zufall ist nach dem französischen Mathematiker Siméon Denis Poisson benannt und als »Poisson-Verteilung« bekannt.

Faszinierend daran ist, dass allein mit den Mittelwerten die Anteile von Mehrfachereignissen bestimmt werden können. In der Bundesliga gibt es im Mittel 2,9 Tore pro Spiel (1,65 fürs Heimteam, 1,25 für den Gast). Gemäß Poisson sollten deshalb 6 Prozent der Spiele torlos enden, in 16 Prozent sollte ein Tor, in 23 Prozent zwei Tore und in 22 Prozent drei Tore fallen etc. In der Wirklichkeit enden 7 Prozent torlos, und 14 Prozent bzw. 24 Prozent bzw. 22 Prozent enden mit einem, zwei bzw. drei Toren. Die nach der Poisson-Rechnung häufigsten Ergebnisse sind 1:1 (11,4 Prozent) und 2:1 (9,3 Prozent). In der Realität treten diese Spielausgänge mit 11,6 und 9,0 Prozent auf. Es herrscht also insgesamt eine fantastische Übereinstimmung zwischen mathematischer Theorie und spielerischer Praxis.

Einstein meinte zwar, Gott würfelt nicht. Den Fußballgott aber kann er damit nicht gemeint haben, denn der würfelt mit einem Poisson-Würfel.

Vielseitig einseitig

Einseitig hat als Wort einen negativen Touch. *Vielseitig* hört sich jedenfalls bedeutend besser an. Nun gut, das mag sein. Wir möchten Ihnen zeigen, dass Einseitigkeit etwas unglaublich Faszinierendes sein kann. Sogar dann, wenn das Thema mit der Mathe-Brille betrachtet wird.

Na, dann los. Starter, die Fahne!
Stellen Sie sich einen Würfel vor, einen ganz normalen Spielwürfel. Jeder weiß, dass der sechs Seiten hat. Ecken und Kanten natürlich auch, acht Ecken und zwölf Kanten. Das lässt sich leicht gedanklich abzählen. Jede Kante trennt zwei benachbarte Seiten.
Es gibt natürlich Objekte, die haben gar keine Ecken und nur eine Kante. Kreise zum Beispiel. Doch uns interessieren nicht die Ecken oder Kanten. Sondern die Seiten. Speziell und im wahrsten Sinne des Wortes die Einseitigkeit. Wenn ich etwas Kreisförmiges aus Papier ausschneide, dann entsteht eine Fläche, die zwei Seiten hat. Das scheint bei Flächen das Minimum zu sein. Schwer vorstellbar, dass es Objekte mit nur einer Seite gibt, oder? Wie sollten die aussehen?
Weil die Frage schon im Raum steht, wollen wir sie gleich anpacken und die Antwort liefern. Wir basteln uns ein einseitiges Objekt. Beweisen durch Basteln. Hier kommt die Bastelanleitung.
Man nehme einen langen dünnen Papierstreifen. Der und ein bisschen Klebstoff genügen als Requisiten. Kleben Sie Ihren Papierstreifen entlang der Schmalseiten zusammen. Also fein säuberlich eine Schmalseite ein Stück weit über die andere legen und kleben. Dann haben wir ... ach: ein Stück von einem Zylinder. Und der hat ja doch zwei Seiten! Eine Innenseite und eine

Außenseite. Erster Versuch gescheitert. Aber es war ja erst der erste Versuch.

Alles auf Anfang. Nehmen Sie einen langen, dünnen Papierstreifen, führen Sie die beiden schmalen Enden aneinander. Bevor Sie sie etwas übereinanderlegen, verdrehen Sie das eine Ende um 180 Grad, also um eine halbe Drehung. Dann die Enden zusammenkleben. Fertig. Schneller als die Fünf-Minuten-Terrine.

Jetzt haben wir einen verdrillten Gegenstand vor uns. Wie sieht's bei dem mit der Seitenanzahl aus? Die ist gar nicht so leicht festzustellen, aber wir haben einen Trick im Köcher. Nehmen Sie einen Stift, setzen Sie ihn irgendwo mittig auf den Streifen und ziehen Sie entlang der Mitte eine Linie. Einfach gnadenlos immer weiter ziehen, bis Sie wieder am Ausgangspunkt sind.

Wenn wir jetzt den Streifen inspizieren, ist die eingezeichnete Linie überall in der Streifenmitte vorhanden, egal, ob ich mir eine Stelle anschaue oder den Streifen umdrehe. Das kann nur eines bedeuten: Unser Objekt hat nur eine einzige Seite.

Ist das sicher? Ja, denn beim Zeichnen der Linie sind wir nie an den Rand gekommen, sind nie darüber hinweggegangen und haben anschließend auf dem gegenüberliegenden Stück weitergezeichnet. Es ist offensichtlich so: Setzen wir den Stift auf einem beliebigen Punkt der Fläche auf, erreichen wir durch Entlangfahren auf dem Streifen jeden beliebigen Punkt der Fläche einschließlich der gegenüberliegenden Punkte ohne Randüberquerung. Das kann nur bedeuten, dass das Ding einseitig ist. Wie krass ist das denn!!

Diese einseitige Fläche im dreidimensionalen Raum ist das Möbius-Band. Benannt wurde es nach dem Leipziger Mathematiker August Ferdinand Möbius (1790–1868), der sich 1858 intensiv damit beschäftigte. Um genau zu sein, wollen wir erwähnen, dass der Göttinger Mathematiker Johann Benedict Listing (1808–1882) dieses Band zwei Monate früher als Möbius beschrieb. Wahrscheinlich waren auch diese beiden Mathe-Macher nicht die Ersten, die einen Streifen Papier verdreht und zusammengefügt haben. Doch keiner hatte vor ihnen daraus ein mathematisches Forschungsobjekt gemacht.

Das Möbius-Band ist das einzige bekannte Objekt im Universum, das nur eine einzige Seite hat. Ein super Alleinstellungsmerkmal!

Wäre das alles, was über Möbius-Bänder gesagt werden könnte, wäre es auch schon faszinierend genug. Doch wir wollen uns noch ein paar weitere Gedanken machen.

Und zwar erst mal fragen, ob das Ganze nur eine mathematische Kuriosität ist oder ob es vielleicht sogar praktische Anwendungen dafür gibt?

Nun, die gibt es schon lange. Eine stammt aus der Zeit der mechanischen Schreibmaschinen. Ein paar können sich vielleicht noch daran erinnern. Die Farbe für die Buchstaben auf dem Papier kam von einem Band auf einer Spule. War die Farbe auf der einen Bandseite aufgebraucht, musste die Spule gedreht werden, und dann schrieb man mit der anderen Bandseite.

Irgendwann kamen Farbbänder auf, die nach Art eines Möbius-Bandes eingelegt waren. Das garantierte eine gleichmäßige Abnutzung, und nichts musste mehr umgedreht werden. Auch viele moderne Förderbänder und Fließbänder werden in der Industrie als Möbius-Bänder eingespannt. Die Haltbarkeit wird dadurch enorm verlängert.

Doch auch die Natur weiß Möbius-Bänder zu schätzen. Sie hat

also letztlich das Copyright für diese kuriose Schleife. Es gibt Moleküle, die nach Art eines Möbius-Bandes geformt sind.

Dabei hat die Sache sogar einen zusätzlichen Dreh. Was passiert, wenn Sie ein Möbius-Band im Spiegel betrachten? Es ergibt sich natürlich in der virtuellen Welt ein gespiegeltes Möbius-Band. Und das ist anders als das Original. Kann man so etwas auch in der realen Welt direkt herstellen? Ja.

Sie müssen nur beim Herstellungsprozess – ein leicht übertriebenes Wort, denn der war ja extrem einfach – eine winzige Kleinigkeit verändern und die halbe Drehung mit einem Streifenende statt rechtsherum linksherum machen. So entsteht ein zweites Möbius-Band, das eine gespiegelte Version des ersten ist.

Und jetzt kommt die Anwendung in der Natur: Da treten bei bestimmten Molekülen, den Enantiomeren, sogar beide Varianten auf. Und noch viel erstaunlicher ist die Tatsache, dass diese beiden Varianten desselben Moleküls sich manchmal völlig unterschiedlich verhalten.

Nehmen wir die pharmakologischen Produkte R- und S-Methamphetamin. Die R-Variante wirkt relativ schwach auf den menschlichen Körper, verschafft bei Schnupfen Linderung und wird deshalb in einigen Nasensprays verwendet. Die S-Variante dagegen ist eine gefährliche und illegale Droge, die unter dem Namen Crystal Meth bekannt ist. Wäre unser Universum eine Möbius-Welt, gäbe es keinen Unterschied zwischen beiden Molekülvarianten.

Lust auf ein paar Experimente mit den Möbius-Bändern? Stellen Sie sich bitte vor, Sie schneiden mit einer Schere entlang der Linie, die Sie vorher auf dem Papierstreifen gezogen haben. Dadurch wird das Band in zwei Teile geteilt. Können Sie sich vorstellen, was Sie dadurch erhalten?

Hätte man den Papierstreifen vor dem Kleben nicht verdreht, wäre es einfach. Dann würden aus dem einen Papierzylinder zwei kleinere Zylinder entstehen. Also eine prima Zweiteilung. Das wissen Sie auch, ohne es konkret zu machen.

Was aber, wenn wir das Möbius-Band mittig zerschneiden? Damit lässt sich nicht so leicht in unserer Fantasie jonglieren. Es hilft nichts, wir müssen es ausprobieren.

Gesagt, getan! Aha, es entstehen gar keine zwei Teile. Sondern ein doppelt so langes, einmal verdrehtes Band mit halber Breite. Das ist aber kein Möbius-Band, weil es eine Drehung um 360 Grad vollzieht.

Warum gibt es nach dem Schnitt keine zwei Teile? Im Nachhinein wird es plausibel. Das Möbius-Band hat nicht nur eine Seite, sondern auch nur einen Rand. Das können Sie schnell prüfen, indem Sie den gesamten Rand des Papierstreifens mit dem Finger abfahren. Oder mit einem Stift den Rand markieren. Nach einer gewissen Zeit landen Sie wieder am Ausgangspunkt.

Beim Zerschneiden des Bandes entlang der Streifenmitte wird die Randkurve nie durchtrennt, sodass keine zwei Teile entstehen können. Das tatsächlich entstehende Teil ist schon deshalb kein Möbius-Band, weil es sich bei nochmaligem mittigen Zerschneiden ganz anders verhält. Dann entstehen dabei, wer hätte das gedacht, zwei Bänder, die ineinanderhängen. Das können Sie nun beliebig weitertreiben und immer neue Überraschungen erleben ...

Doch bleiben wir noch etwas bei unserem »einfachen« Möbius-Band. Bisher wurde beim Zerschneiden die Schere in der Mitte des Papierstreifens angesetzt. Das können Sie natürlich auch anders handhaben. Etwa so, dass Sie den Streifen mit der Schere versuchsweise im Verhältnis ein Drittel zu zwei Drittel zerschneiden. Wenn Sie fröhlich drauflosschneiden, begegnet Ihnen nach einem Umlauf der Anfangspunkt des Schnitts, aber versetzt. Nun dürfen Sie keine Abkürzung nehmen, sondern schneiden mit derselben Kondition und demselben Abstand zum Rand weiter. Nach einer weiteren Runde mit der Schere durch den Papierstreifen treffen Sie genau den Anfangspunkt. Bevor Sie nun das letzte Stück des Weges durchschneiden, raten wir Ihnen, kurz innezuhalten und sich zu fragen, was gleich passieren wird.

Kleine Hilfestellung: Betrachten Sie, was bisher entstanden ist. Überlegen Sie, welche Wirkung der letzte kleine Schnitt haben könnte. Und?

Richtig! Wir wussten, dass Sie darauf kommen! Es entsteht ein Möbius-Band und eine große Schleife, die zusammenhängen. Die Schleife ist doppelt verdreht und hat zwei Ränder und somit zwei Seiten.

Wollen wir mit dem Schneiden weitermachen oder stattdessen ein wenig über die Einseitigkeit der Möbius-Welt philosophieren?

Sowohl weitermachen als auch philosophieren? Okay, prima.

Jetzt brauchen wir zwei spiegelverkehrt verdrehte Möbius-Bänder. Eins rechtsrum, eins linksrum. Was wir damit anstellen wollen, ist fast schon Kirigami, die traditionelle japanische Papier-Schneidekunst. Und bei dem Endprodukt wird Ihnen das Herz aufgehen.

Unsere beiden spiegelverkehrten Möbius-Bänder werden so zusammengeklebt, dass sie an der Klebestelle senkrecht aufeinanderliegen. Dann werden beide Bänder in Längsrichtung entlang der Mitte durchgeschnitten. Was dabei entsteht? Das ist eine echte Herausforderung für Ihr Vorstellungsvermögen. Es entstehen nämlich, man glaubt es kaum und kann es wohl auch nicht kommen sehen, zwei ineinander verschlungene Herzen. Im Ernst. Haben wir zu viel versprochen? Es ist das ideale Kirigami-Kunststück für den Valentinstag.

Und nun zu etwas ganz anderem, wie es bei Monty Python so schön heißt. Man nehme einen Schuss Philosophie …

Aber wo anfangen? Warum nicht ganz fundamental?

Eines der grundlegendsten Dinge des Lebens ist es zu unterscheiden. Wir können und sollten nicht alles von nur einer Seite her denken. Doch beim Möbius-Band müssen wir das, weil viele der uns vertrauten Unterscheidungen aufgehoben sind. Die Unterscheidungen vorne und hinten, innen und außen, links und rechts sind dort bedeutungslos.

Das Band wird auf sich selbst zurückgeworfen oder, besser, zu-rückverdreht. Ganz ohne Spiegel entsteht dadurch eine gespiegelte Welt.

Legen wir einen zweidimensionalen *linken* Handschuh irgendwo auf das Möbius-Band und ziehen ihn um das Band herum, dann liegt er nach einem Umlauf der Ausgangsposition gegenüber, und zwar spiegelverkehrt. Es ist jetzt ein zweidimensionaler *rechter* Handschuh. In der Möbius-Welt kann man auf diese Weise Zweidimensionales spiegeln, indem man es auf eine Umlaufbahn schickt.

Mit dreidimensionalen Objekten funktioniert das nicht. Denn dann würde ja ein linker Handschuh von Ihnen bei einem Umlauf in einen rechten übergehen, sodass er dann an Ihre rechte Hand passen müsste, was aber natürlich nicht passiert.

Mit den Dimensionen ist das offensichtlich so eine Sache in der Möbius-Welt. In jedem kleinen Bereich erscheint diese Welt zweiseitig, denn für jeden Punkt gibt es einen gegenüberliegenden Punkt auf der scheinbar anderen Seite. Doch die lokal andere Seite ist global dieselbe Seite. Insofern und in diesem Sinn ist das Möbius-Band sowohl einseitig als auch zweiseitig.

Wohin flüchtet die zweite Seite beim Verdrehen des Streifens? Und von woher kommt sie zurück, wenn ich diese Verdrehung wieder aufhebe?

Noch eine aufregende Feststellung: Ein Möbius-Band und eine Kugeloberfläche sind unbegrenzt, aber nicht unendlich groß. Die Kugeloberfläche ist ein an sich zweidimensionales Objekt, das in der dritten Dimension gekrümmt ist.

Auch unsere Erde wirkt lokal wie eine Scheibe, also zweidimensional, ist aber global eine Kugel, insofern dreidimensional.

Die Relativitätstheorie von Albert Einstein besagt, dass es sich mit unserem Universum insgesamt ganz ähnlich verhält, nur eine Dimension höher. Unser Weltall ist ein an sich dreidimensionales Objekt, das in der vierten Dimension gekrümmt ist. So ist es in drei Dimensionen unbegrenzt, wie die Kugeloberfläche es in zwei Dimensionen ist, aber es ist trotzdem nicht unendlich groß.

»Wenn ich lange genug ins Weltall schaue, sehe ich meinen eigenen Hinterkopf«, hat Albert Einstein dazu gesagt.

Die dritte Dimension verbirgt sich bei der Erdkugel in gewisser Weise in einem Erdumlauf und wird erst dadurch erkennbar. Beim Möbius-Band dagegen geht beim Umlauf eine Dimension verloren. Paradox.

Und da dieses Wort gerade gefallen ist: Womit könnten wir unseren philosophischen Abspann besser enden lassen als mit einer kleinen selbst gefertigten Paradoxie, die daran anknüpft?

Nehmen Sie noch einmal einen langen, schmalen Papierstreifen. Schreiben Sie auf beide Seiten den Satz: *Auf der anderen Seite steht das Gleiche.*

Führen Sie die beiden schmalen Enden nun zusammen und überlegen sich, ob Sie das eine Ende nun direkt auf das andere kleben oder mit einer halben Verdrehung.

Was passiert in beiden Fällen mit dem Wahrheitsgehalt unserer Sätze auf dem Streifen? Haben wir eine zylindrische Welt, sind beide wahr. Haben wir eine Möbius-Welt, sind beide falsch, ja unsinnig, denn es gibt gar keine andere Seite.

Ob sich Sinn in Unsinn verwandelt, hängt vom Raum ab und ist keine Eigenschaft der Aussagen an sich.

Wie viele Fische schwimmen im Teich?

Jeder, der schon einmal angeln war, kennt die Situation. Angel ins Wasser – und warten. Ungeduldig auf den Schwimmer schauen – und warten. Den Köder wechseln – warten. Den mitgebrachten Kaffee aus der Thermoskanne trinken, bevor er kalt wird – und, ja, warten.

Spätestens, wenn nach Stunden des Wartens kein einziger Fisch angebissen hat und sich die Gedanken mit den großen philosophischen Fragen des »Woher?« und »Wohin?« beschäftigen, spätestens dann ist sich der geneigte Angler ziemlich sicher, dass in diesem Tümpel kein einziger Fisch lebt.

Kleiner Exkurs in die Biologie: In jedem Tümpel leben Fische. Doch wie kommen die da rein? Ohne Zu- oder Abfluss? Die Natur ist, wie so oft, erfinderisch. Wasservögel wie zum Beispiel Enten sind lebendige Transportboxen für Fischeier. In ihrem Gefieder bleiben Fischeier aus einem Teich hängen und gelangen bei der Landung auf einem anderen See in dieses Gewässer. Die Fischeier können über längere Zeit im Gefieder der Wasservögel überleben. Deswegen gibt es überall dort Fische, wo Wasservögel landen können.

Zurück zu unserer Frage nach der Anzahl der Fische im Teich. Eine scheinbar nicht zu beantwortende Frage. Die gleiche Frage könnten sich Biologen stellen, die wissen wollen, wie viele Tiere einer bestimmten Tierart in einem Wald leben. Und wissen Sie was? Das Problem ist lösbar. Die Antwort liefert, wie könnte es anders sein, die Mathematik.

Eine Herausforderung gibt es dabei allerdings. Wir sollten die Frage so behutsam wie möglich beantworten, im Sinne des Überlebens der Fische. Also fangen wir an, Fische zu fangen. Einen nach dem anderen ziehen wir aus dem Wasser. Auch wenn es lange dauert. Wir sollten versuchen, 50 Fische zu fangen und sie in einem Netz zu deponieren. Danach werden alle gefangenen Fische markiert und anschließend wieder in die Freiheit des Teiches entlassen. Nach einer gewissen Zeit, wenn wir davon ausgehen können, dass sich die Fische erneut gleichmäßig im Wasser verteilt haben, starten wir zur zweiten Runde und fangen nochmals 50 Fische. Ich weiß, eine mühsame Arbeit, aber im Sinne der Wissenschaft muss das sein.

Die zweite Ladung Fische betrachten wir genauer und suchen diejenigen heraus, die bereits beim ersten Mal markiert wurden. Es könnten zum Beispiel 10 Fische sein. Wir gehen davon aus, dass das kein Zufall ist, sondern dass die zweite Stichprobe repräsentativ ist. Wir haben ja eine gewisse Zeit gewartet, bis wir unsere Angel erneut ins Wasser gesenkt haben, die Fische sollten also gleichmäßig durchmischt sein.

Mit dieser steilen These können wir eine konkrete Abschätzung vornehmen, was die Gesamtanzahl der Fische im Teich betrifft. Wir dürfen davon ausgehen, dass der Anteil der markierten Fische in der zweiten Stichprobe ungefähr dem Anteil der markierten Fische unter allen Fischen im Teich entspricht.

Konkret durchgerechnet sieht das so aus: Das Verhältnis der markierten zu allen 50 Fischen in der zweiten Stichprobe beträgt 1:5. Daraus folgt, dass das Verhältnis der 50 markierten Fische der ersten Stichprobe zur Gesamtanzahl aller Fische auch etwa 1:5 beträgt. Die Gesamtanzahl der Fische beträgt also annähernd

$$5 \times 50 \text{ Fische} = 250 \text{ Fische}$$

Diese Methode des Fischezählens oder Fischeschätzens wird übrigens tatsächlich in der Biologie angewendet, um in freier Wildbahn lebende Tierpopulationen abzuschätzen, die sich nur schwer zählen lassen.

Kombiniere!

Kennen Sie Dr. Thorneycraft Huxtable? Nein? Nun, das haben wir uns fast gedacht. Der Doktor leitet eine Internatsschule. Aber nicht aktuell, sondern schon vor rund 120 Jahren. Und auch nicht wirklich in der Wirklichkeit, sondern in der Detektivgeschichte *Das Abenteuer der Internatsschule*. Diese Geschichte stammt von Sir Arthur Conan Doyle. Ja, jetzt geht Ihnen wahrscheinlich ein Licht auf. Richtig, eine Geschichte mit Sherlock Holmes.

Conan Doyle hat Sherlock Holmes mit 56 Kurzgeschichten und vier Romanen zu einem weltweit bekannten Label gemacht. Er wurde zu einem *household name,* wie die Engländer sagen.

Das ist eine beachtliche Leistung. Vor Kurzem hörte einer von uns Autoren in einem Interview, wie hoch ein Medienexperte die Summe bezifferte, die man benötigt, um einen bis dato unbekannten Menschen allein durch Werbemaßnahmen in der ganzen Welt zu einem solchen *household name* zu machen. 30 Milliarden Dollar. Doch das ist ein anderes Thema …

Zurück zu Thorneycraft Huxtable. Der hat irgendwann ein Problem. Nicht einfach irgendein Problem, sondern ein ziemlich großes: Ein Schüler seiner Internatsschule ist verschwunden. Es handelt sich um den zehnjährigen Lord Saltire, Sohn des Herzogs von Holdernesse. Was das Problem auch nicht angenehmer macht: Der Herzog ist einer der mächtigsten und bekanntesten Männer Englands. Und er will seinen Sohn so schnell wie möglich zurückhaben.

Mr Huxtable sucht deshalb Sherlock Holmes auf, und der übernimmt den Fall. *Das Abenteuer der Internatsschule* ist ein wunderbares Beispiel für die kriminalistische Arbeitsweise des legendären Meisterdetektivs. Für seine umfassenden und detail-

genauen Beobachtungen und seine logisch nüchternen Schluss-
folgerungen.

Das ist generell das Markenzeichen, mit dem Conan Doyle ihn
versehen hat. In der Tat wurden einige der von Sherlock Holmes
praktizierten kriminalistischen Methoden, etwa die Analyse von
Zigarettenasche und die Konservierung von Fußabdrücken mit
Gips, später von der Kriminalpolizei nicht nur in England übernommen. Faszinierend, dass es Conan Doyle gelang, mit seinen
Geschichten der Unterhaltungsliteratur sogar die Kriminaltech-
nik voranzubringen. Das dürfte seitdem keinem Schriftsteller
mehr passiert sein.

Conan Doyle selbst hat *Das Abenteuer der Internatsschule* unter
die Top Ten seiner Lieblingsgeschichten eingereiht. Bei diesem
Abenteuer spielt ein Fahrrad eine wichtige Rolle. Oder vielmehr
die Spuren, die ein Fahrrad im Matsch hinterlassen hat. Wichtig
war dabei die Klärung der Frage, ob das Fahrrad von links nach
rechts gefahren ist oder von rechts nach links.

Sie verstehen ein bisschen was vom Fahrradfahren? Dann nehmen Sie vermutlich an, dass die Spur des Vorderrads weiter aus-
greift als die des Hinterrads. Das sagt uns unsere Intuition, und
das stimmt in der Regel auch. Und zweitens: Wenn sich die Spuren beider Räder kreuzen, sieht man zudem, welches die untere
und welches die obere Spur ist.

So weit, so gut.

Doch in welche Richtung fuhr das Fahrrad?

Das ist die entscheidende Frage für die Lösung des Falls in der
Internatsgeschichte. Sherlock Holmes und Dr. Watson unterhal-
ten sich darüber. Watson äußert eine Vermutung. Doch, wie so
oft, ist er auf dem Holzweg, und Holmes widerspricht. Zwar ermittelt Holmes die richtige Richtung, aber seine Argumentation
ist nicht durchgehend richtig.

Er meint, dass der tiefere Abdruck beim Fahrradfahren vom
Hinterrad komme, da auf ihm mehr Gewicht lastet. Gescheit!
Dann inspiziert er die Radspuren im Matsch. An mehreren Stel-

len überquert eine Spur die andere Spur. Die obere Spur muss vom Hinterrad stammen, die untere Spur vom Vorderrad. Noch gescheiter!

Das Fahrrad müsse deshalb unzweifelhaft von der Internatsschule kommend in die andere Richtung gefahren sein, sagt Holmes. Gescheitert!

Zwar nicht mit der Schlussfolgerung selbst, denn die erweist sich letztlich als richtig, aber mit der zugrunde liegenden Logik. Die beiden von Holmes angesprochenen Details reichen nicht aus, um die Richtung zu bestimmen.

So viel stimmt aber: Das Hinterrad folgt unweigerlich dem Vorderrad. Insofern wird seine Spur die Spur des Vorderrades überqueren. Doch das passiert immer, ganz egal, ob das Fahrrad von rechts nach links oder von links nach rechts fährt. Damit taugt dieses Kriterium nicht zur Bestimmung der Fahrtrichtung.

Wie geht es denn dann? Können wir die Richtung tatsächlich allein anhand der Radspuren herausfinden? Ja, aber nur mit ein bisschen Mathematik.

Generell besteht die Kriminalistik, jedenfalls heutzutage, zu einem großen Teil in der Anwendung mathematisch-statistischer Methoden (Regressionsanalyse, Differenzialgleichungen, Kryptologie usw). In der US-amerikanischen Fernsehserie *Numbers – die Logik des Verbrechens* löst nicht ein Polizist, sondern dessen Bruder die meisten Probleme. Dieser Nerd, wie er im Buche steht, ist studierter Mathematiker und kann die Fälle mit mathematischem Spezialwissen lösen. Nerd ist das neue Cool.

Übrigens, auch Sherlock Holmes benutzt mathematische Methoden. In einem anderen Abenteuer sagt er: »In 90 von 100 Fällen lässt sich aus der Schrittlänge eines Menschen auf dessen Körpergröße schließen. Es ist eine ganz simple Rechnung.« Die simple Rechnung, die gemeint ist, beruht auf der mathematischen Technik der linearen Regression. Auch Sherlock Holmes war also schon ein Mathematik-affiner Kriminalist. Mathematik hat er aber im Fall der Fahrradspuren nicht angewendet.

Zurück zur Lösung des Spurenrätsels. Es besteht ein prinzipieller Unterschied zwischen Hinterrad und Vorderrad. Das Vorderrad ist lenkbar, es lässt sich mit dem Lenker in verschiedene Richtungen steuern, das Hinterrad steht fest. Es bewegt sich deshalb in dieselbe Richtung wie der Fahrradrahmen und damit in die Richtung, die der Lenker mit dem Vorderrad vorgibt.

Ferner ist zu jedem Zeitpunkt die Richtung einer Bewegung entlang einer gebogenen Linie eine Tangente im zugehörigen Aufsetzpunkt an die gebogene Linie. Eine Tangente ist eine Gerade, die eine Kurve in einem bestimmten Punkt berührt und dort die gleiche Steigung hat wie die Kurve. Dabei bleibt der Abstand zwischen den Aufsetzpunkten von Hinterrad und Vorderrad immer gleich, also den Stellen, an denen die Reifen den Boden berühren. Bei einem Rad für Erwachsene beträgt dieser Abstand etwa zwei Meter.

Das sind die Puzzleteile, die uns nun erlauben zu kombinieren. Zeichnet man nämlich an die Spur des Hinterrades in einem Punkt die Tangente, dann trifft diese Gerade nach zwei Metern in Fahrtrichtung auf den Punkt, wo das Vorderrad zu der entsprechenden Zeit war. Also auf einen Punkt der Vorderradspur. Prima! Denn damit haben wir ein Rezept, um die Fahrtrichtung zu ermitteln: Durch einen beliebigen Punkt der Hinterradspur eine Tangente zeichnen und diese in Fahrtrichtung fortsetzen, dann trifft man nach ungefähr zwei Metern auf die Vorderradspur. Denn der Abstand zwischen den Schnittpunkten dieser Tangente mit der Hinterradspur und der Vorderradspur entspricht der Rahmenlänge von etwa zwei Metern.

Falls man die Tangente aus Versehen an die Vorderradspur anlegt oder die Linie in die falsche Richtung zieht, kann es zwar sein, dass man auch auf die andere Spur trifft. Doch der Abstand zwischen den beiden Schnittpunkten ist dann beliebig. Er beträgt nicht immer etwa zwei Meter, sondern variiert.

Wenn ich das also ein paarmal für verschiedene Punkte der falschen Spur mache, werde ich verschiedene Abstände zum

Schnittpunkt mit der anderen Spur bekommen. Wenn ich es für die richtige Spur, die Hinterradspur, und die richtige Richtung mache, nämlich in Fahrtrichtung, dann werde ich immer nach zwei Metern die Vorderradspur erreichen.

Damit besitzen wir ein taugliches Werkzeug, um die Fahrtrichtung des Fahrrads festzustellen. Mathe macht's möglich. Sir Arthur Conan Doyle wäre vielleicht stolz auf uns gewesen. So wie wir auf ihn. Jedenfalls hätte er es sein können. Möglich, dass dann im Abenteuer in der Internatsschule sogar das Wort *Tangente* vorgekommen wäre. Vielleicht aber auch nicht.

Daniels Lieblingszahlen

Daniel? Ja, sprechen wir über Daniel. Sie kennen wahrscheinlich seinen Nachnamen: Fahrenheit. Fahrenheit, diese für uns Europäer nur schwer greifbare Temperaturskala, die im Jahr 1714 entwickelt wurde, heute jedoch nur noch in wenigen Ländern verwendet wird. Allen voran in den Vereinigten Staaten von Amerika und ihren Territorien, wie Puerto Rico, die amerikanischen Jungferninseln und Guam. Außerdem wird in Fahrenheit noch auf den Bahamas, den Cayman Islands, Palau, Belize, Mikronesien und den Marshallinseln gemessen und gerechnet. Auf die meisten dieser kleinen Inseln und Länder wird es kaum einen Touristen verschlagen, aber in den USA werden viele Europäer mit Fahrenheit konfrontiert. Wer dort den Meteorologen im Fernsehen zuschaut, wird sich spätestens bei der Einblendung der Temperatur fragen, wie kalt oder warm es eigentlich wird. Und warum nicht alle mit der schönen, leicht verständlichen Celsiusskala arbeiten.

Ein Blick zurück. Daniel Gabriel Fahrenheit wurde 1686 in Danzig geboren, war Physiker und Messgeräteentwickler. Seine kreativste Schaffenszeit erlebte er in Den Haag, wo er später lebte und arbeitete. Die Niederlande waren im 17. Jahrhundert ein Schmelztiegel für Kunst und Wissenschaft. Dort trafen sich zahlreiche Gelehrte, die sich gegenseitig zu Höchstleistungen anstachelten.

Fahrenheit wurde von der Arbeit des dänischen Astronomen Ole Rømer inspiriert, den er 1708 in Kopenhagen besuchte. Rømers Verdienst war die Erforschung der Lichtgeschwindigkeit. Er stellte als Erster fest, dass die Lichtgeschwindigkeit nicht unendlich ist, und beschrieb sogar, wie sie durch die Vermessung der Jupitermonde bestimmt werden könnte.

Doch wie zu dieser Zeit üblich, beschäftigte sich auch der Wissenschaftler Rømer mit den unterschiedlichsten Themen, unter anderem mit der Messung der Temperatur. Er entwickelte das weltweit erste Thermometer mit nur zwei Fixpunkten. Sein Nullpunkt war der Schmelzpunkt einer Salzlake (–14,3 °C). Als oberen Fixpunkt wählte er, wie später Celsius, den Siedepunkt des Wassers (100 °C). Rømer definierte ihn aber nicht mit 100 Grad, sondern gab ihn mit 60 °Rø an. Dadurch liegt der Gefrierpunkt des Wassers bei 7,5 und die Körpertemperatur des Menschen bei 26,9 Grad Rømer.

Diese krummen Zahlen waren ein Schönheitsmakel in den Augen Fahrenheits. Außerdem wollte Fahrenheit die negativen Zahlen vermeiden, die bei Temperaturen unterhalb von –14,3 °C auftraten. Er experimentierte deshalb an der Zusammensetzung der Salz-Wasser-Kältemischung und suchte die tiefste Temperatur, die mit einer flüssigen Lösung möglich ist. Das Ergebnis war eine Mischung aus Wasser, Eis und Ammoniumchlorid, die bei einer Temperatur von –17,8 °C noch Flüssigwasser enthielt. Als zweiten Fixpunkt wählte Fahrenheit die durchschnittliche Körpertemperatur des Menschen und wählte für diesen Wert 96 °F. Heute wissen wir, dass seine Definition der durchschnittlichen Körpertemperatur des Menschen etwas zu tief lag – nämlich bei gerade einmal 35,8 °C. Eigentlich entspricht die mittlere Körpertemperatur 98,6 °F (37 °C).

Doch warum wählte er 96 und nicht 100 Grad? Fahrenheit hat es niemals niedergeschrieben, aber es wird vermutet, dass es sein Wunsch war, genauer als Rømer zu messen, ohne deswegen Brüche verwenden zu müssen. Das könnte für die Zahl 96 gesprochen haben. 96 hat die einstelligen Teiler 2, 3, 4, 6 und 8, während 100 nur durch 2, 4 und 5 teilbar ist.

Daniel Fahrenheit hat die Genauigkeit seines Thermometers außerdem dadurch verbessert, dass er für die Anzeige Quecksilber statt Alkohol verwendete. Quecksilber dehnt sich über einen großen Temperaturbereich gleichmäßiger aus als Alkohol. Deshalb kam Fahrenheit in weiteren Untersuchungen zu dem Ergebnis, dass Wasser bei 32 °F gefriert und bei 212 °F verdampft. Immer unter der Voraussetzung eines gleichmäßigen Luftdrucks auf dem Niveau des Meeresspiegels.

Und? Wie warm wird es, wenn der Wetterbericht für New York 85 Grad Fahrenheit für den nächsten Tag vorhersagt? Die Umrechnungsformel ist nichts für Kopfrechen-Muffel.

Sie müssen zunächst 32 Grad abziehen (85 minus 32 ist gleich 53). Dann mit 5 multiplizieren (ergibt 265) und zum Schluss durch 9 teilen. Das wird schwierig ohne Taschenrechner. Das ergibt rund 29,4 Grad nach der weltweit am häufigsten verwendeten Celsiusskala. Diese wurde etwa 30 Jahre später vom Schweden Anders Celsius entwickelt. Aber das ist eine andere Geschichte. Immerhin gibt es heute etliche Smartphone-Apps, die einem die Umrechnung von Fahrenheit zu Celsius auf Knopfdruck liefern.

Jeder hat ein Doppelleben

Hat Sie schon einmal jemand gefragt, ob Sie »rechtsäugig« sind? Wahrscheinlich nicht, oder? Und noch wahrscheinlicher ist, dass Sie die Antwort nicht kennen. Wenn Sie gerade experimentierfreudig aufgelegt sind, dann können wir das aber sofort feststellen. Mit einem kleinen Selbstversuch. Der dauert nicht lange und tut nicht weh.

Sie müssen nur mit dem Zeigefinger eines ausgestreckten Armes auf ein kleines Objekt in der Ferne zeigen. Zum Beispiel auf ein Fenster oder einen Baum. Ist das geschafft, ist die Hauptleistung auch schon erbracht.

Bitte den Zeigefinger nicht mehr bewegen. Jetzt schließen Sie das linke Auge und schauen nur durch das rechte. Anschließend das rechte Auge schließen und nur durch das linke schauen. Bei der überwiegenden Mehrheit der Menschen scheint der Zeigefinger beim Blick durch nur eines der beiden Augen auf das Objekt zu zeigen. Bei der Gegenprobe mit dem anderen Auge scheint er vom Ziel abzuweichen. Wenn der Zeigefinger genau auf den Gegenstand zeigt, dann beobachten wir ihn gerade mit unserem dominanten Auge. Bei zwei von drei Menschen ist das rechte Auge dominant. Wir Menschen sind mehrheitlich »Rechtsäuger«.

»Rechtsohrer« sind wir übrigens auch. Das zeigt das aufschlussreiche Ergebnis einer Studie der italienischen Psychologen Daniele Marzoli und Luca Tommasi. Mal angenommen, Sie wollen von jemandem etwas schnorren, etwa einen Glimmstängel in einer Bar. Dann ist, der Studie zufolge, die Wahrscheinlichkeit größer, das Gewünschte zu bekommen, wenn Sie den Spender am rechten Ohr ansprechen und nicht am linken.

Der Grund: Reize aus dem rechten Ohr werden in der linken

Hirnhälfte verarbeitet, die rational kalkulierend die Bitte bewertet. Emotionale Bedenken werden dagegen in der rechten Hirnhälfte erzeugt, aber die ist an der Verarbeitung der Reize vom rechten Ohr kaum beteiligt.

Ein super Life Hack, finden Sie nicht auch: Wenn Sie jemanden um etwas bitten, bitten Sie am rechten Ohr. Mit dem rechten gibt man lieber!

Überhaupt sind wir asymmetrischer, als wir denken.

Dass wir zwei verschiedene Hirnhälften haben, ist inzwischen weithin bekannt. Die sind unterschiedlich spezialisiert. Die linke Hirnhälfte befasst sich mit allem, was mit Denken zu tun hat. Sie denkt in Sprache und in Begriffen, sie denkt logisch und analytisch. Außerdem ist sie verantwortlich für die Zeitwahrnehmung. Motorisch kontrolliert sie die rechte Körperhälfte.

In der rechten Hirnhälfte werden alle Sinneseindrücke verarbeitet. Sie ist zuständig für Intuition, Gefühle, Musik, Kreativität und Spontaneität. Ferner für die Verarbeitung von Informationen zu einem Ganzen und für die Herstellung von Zusammenhängen und Sinnbezügen. Motorisch kontrolliert sie die linke Körperhälfte.

Wir haben es also mit einem Nebeneinander und Miteinander von zwei unterschiedlichen Arten von Bewusstsein zu tun. Das eine Bewusstsein ist intellektuell, rational, analytisch. Das andere ist intuitiv, irrational, gefühlsbetont. Die linke Hirnhälfte organisiert zielgerichtete Aufmerksamkeit und den Ablauf von Routinen. Die rechte Hirnhälfte hat einen ganzheitlichen Blick auf alles und macht uns wachsam für das, was da kommen mag. Sie ist darauf spezialisiert, schnell auf Überraschendes zu reagieren. Vereinfacht ausgedrückt natürlich …

Unsere rechte Hirnhälfte kann Gesichter innerhalb von sechs Millisekunden erkennen und einschätzen, ob es sich um Freund oder Feind handelt. Der Austausch zwischen den Hirnhälften braucht aber etwa 40 Millisekunden, fast siebenmal so lange. Die Erkennung und Einschätzung des Gesichts durch nur eine Hirnhälfte kommt schneller zum Ergebnis, wenn die Gegenseite nicht konsultiert werden muss, ob sie der Einschätzung zustimmt. Das war früher fürs Überleben noch wichtiger als heute.

Es gibt ausgesprochen »linkshirnige« und »rechtshirnige« Menschen, bei denen eine Hirnhälfte mit ihren Fähigkeiten den Ton angibt. Bei Wissenschaftlern ist in der Regel die linke Hemisphäre führend. Menschen mit stark dominierender rechter Hirnhälfte sind oft Künstler und/oder haben starke kreative und soziale Neigungen.

Unser Gehirn führt also ein Doppelleben. »Zwei Seelen wohnen, ach! in meiner Brust«, lässt Goethe den Dr. Faust sagen. Man könnte ergänzen: »Zwei Hirne denken, ach! in meinem Kopf.« Wobei der Seufzer »ach!« nicht wirklich angemessen ist. Denn diese Arbeitsteilung ist gut. Sie spart Zeit. Links sitzt der kühle Analytiker. Rechts der Neugierige, der stets auf der Suche nach Neuem, Interessantem, Ungewöhnlichem ist, das nicht ins gewohnte Muster passt.

Und wenn wir Mathematik machen?

Dann beanspruchen wir beide Hemisphären. Die linke Hemisphäre für mathematische Rechenoperationen, Routinen und logisches Denken, die rechte für mathematische Intuition und die Erzeugung kreativer, neuartiger Ideen.

Übrigens, aus der unterschiedlichen Spezialisierung resultiert auch die Asymmetrie bei den Händen. Das ist der klassische Fall von motorischer Asymmetrie. In allen Kulturen der Welt gibt es anteilig mehr Rechtshänder als Linkshänder. Bei uns beträgt der Anteil der Linkshänder etwa 10 bis 15 Prozent. Das ist ein recht hoher Anteil, wenn man bedenkt, dass unsere Welt eigentlich auf Rechtshänder ausgerichtet ist.

Die Asymmetrie betrifft aber nicht nur die Hände. Erzählt uns jemand etwas Interessantes, dann wenden wir ihm unbewusst unser rechtes Ohr zu. Die meisten von uns sind tatsächlich »rechtsohrig«. Wir haben außerdem in der Regel nicht nur eine größere Geschicklichkeit in der rechten Hand, sondern auch im rechten Bein, nur weniger ausgeprägt. Damit machen wir zum Beispiel größere Schritte, was letztlich bewirkt, dass wir Linkskurven bevorzugen. Hat das praktische Folgen?

Ja. In allen Stadien dieser Welt wird linksherum gelaufen, und 98 Prozent aller Supermärkte sind so angelegt, dass der Eingang rechts ist und wir uns in einer Linkskurve zur Kasse vorarbeiten. Und wenn Sie einen Dompteur von Tieren fragen, wird der bestätigen, dass seine Tiere gegen den Uhrzeigersinn laufen wollen. Bei umgekehrter Umlaufrichtung schlagen die Pferde aus, und die Löwen fauchen.

Auch beim Radfahren und Skifahren sind uns Linkskurven lieber. Und es passieren, statistisch gesehen, weit weniger Unfälle beim Fahren von Links- als von Rechtskurven.

In Burgen drehen sich die Wendeltreppen aber rechtsherum, könnte man einwenden. Wie passt das ins Bild? Ganz einfach. Es bringt Vorteile bei der Verteidigung, weil die von oben kommenden Verteidiger der Burg dann mehr Spielraum für ihren rechten Arm hatten, der das Schwert führte.

Kurzum, mehrheitlich besteht eine Rechtslastigkeit bei unseren Sinnen und in der Motorik. Die meisten Menschen schreiben rechts, schauen rechts, kämpfen rechts, kicken rechts und horchen rechts. Auch alle Fundstücke aus früheren Zeiten wie Faustkeile, Werkzeuge, Höhlenzeichnungen bezeugen die überwiegende Rechtshändigkeit derer, die sie benutzt oder hergestellt haben.

Dennoch ist der Anteil von Linkshändern recht hoch. Das wäre kaum der Fall, wenn es nicht auch Vorteile mit sich brächte, in einer für rechte Hände organisierten Welt linkshändig zu sein. Beispielsweise haben Linkshänder im Kampf mit Rechtshändern Vorteile, denn sie sind wesentlich erfahrener darin, gegen Rechtshänder anzutreten als umgekehrt. Übung macht den Meister! Das sieht man bei Kampfsportarten zwischen Individuen, wo die Gegner im 1:1 Kontakt sind.

Bei den Boxern, Ringern und Fechtern auf Spitzenniveau sind

die Linkshänder überproportional gut vertreten. Linkshänder profitieren beim Kampf gegen Rechtshänder von einem gewissen Überraschungseffekt, sodass man vom Überleben der Überraschenden sprechen könnte.

Auch beim Tennis gilt »links gewinnt«. In der Weltspitze spielen und spielten immer überdurchschnittlich viele Linkshänder. Rafael Nadal und Mischa Zverev sind Beispiele aus der aktuellen Weltrangliste. Angelique Kerber schlägt den Ball ebenfalls mit links, obwohl sie eigentlich Rechtshänderin ist.

Es ist für Rechtshänder um einiges schwerer, den von einem Linkshänder geschlagenen Ball auszurechnen als den von einem anderen Rechtshänder. Bei Linkshändern ist das umgekehrt nicht so, weil sie mehr Erfahrung mit rechtshändigen Gegnern sammeln konnten, deshalb geübter sind und ein Gespür für sie entwickelt haben. Dieses Gespür dafür, wo der Ball hingeschlagen wird, ist ein Teil der hohen Schule des Tennis. Beim Turnen, Speerwurf, Darts, Bowling und Billard gibt es dagegen keine nachweislichen Vorteile für Linkshänder.

Nach kontrovers diskutierten Studien könnte Linkshändigkeit etwas mit gesteigerter Aggressivität zu tun haben. Bei der als ausgesprochen friedfertig geltenden Volksgruppe der Dioula in Burkina Faso, deren Kultur sich durch ein harmonisches Zusammenleben auszeichnet, stirbt nur etwa einer von 100 000 Menschen eines gewaltsamen Todes durch ein anderes Stammesmitglied. Und nur 3 Prozent ihrer Bevölkerung sind Linkshänder. Bei dem im Amazonasgebiet beheimateten Volk der Yanomani gibt es dagegen 23 Prozent Linkshänder. Die Yanomani gelten als kämpferisch. Kriegerische Fähigkeiten sind bei ihnen hoch angesehen. Die Schattenseite: Einer von 250 Menschen stirbt durch einen Gewaltakt.

Und was halten Sie von der Tatsache, dass seit 1974 fünf der acht US-Präsidenten Linkshänder waren? Das ist statistisch zumindest sehr auffällig und hat wahrscheinlich eine Ursache. Psychologen behaupten, dass sich Linkshänder in einer Rechtshänder-Welt oft unbewusst als Außenseiter fühlten. Das sei ein Wesenszug, der auch vielen Führungspersönlichkeiten nachgesagt werde.

Wie ist es mit der Intelligenz von Links- und Rechtshändern? Studien zeigen, dass der durchschnittliche Intelligenzquotient in beiden Gruppen gleich, die Verteilung aber unterschiedlich ist. Speziell in den extremen Bereichen. Sowohl unter Menschen mit erheblichen Lernschwierigkeiten als auch bei jenen mit hoher Intelligenz sind Linkshänder sehr häufig vertreten.

Als eine Facette sei hier das Ergebnis von Studien genannt, die in den USA durchgeführt wurden, in denen regelmäßig die mathematischen Fähigkeiten von Schulkindern getestet werden. Unter den 0,1 Prozent der Spitzenreiter befinden sich 25 Prozent Linkshänder. Auch unter Spitzenmusikern gibt es erstaunlich viele Linkshänder. Die Erklärung dafür ist simpel. Bei manchen Instrumenten ist eine gleich gute Beherrschung mit beiden Händen von Vorteil. Linkshänder sind meist bessere Beidhänder, als es Rechtshänder sind.

Statistisch auffällig sind auch diese Beobachtungen: Bisher nicht zufriedenstellend geklärt wurde die Tatsache, dass auch unter Schizophrenen die Linkshänder ebenso überrepräsentiert sind wie bei Kindern, die ein extrem geringes Geburtsgewicht von weniger als 1000 Gramm hatten.

In der Kulturgeschichte war die Linkshändigkeit lange stigmatisiert. In der Sprache lässt sich das noch an bestimmten Formulierungen erkennen. So heißt es, etwas ist rechtens oder jemand sei auf dem rechten Weg. Und es gibt Gerechtigkeit und Rechtsprechung. Wenn dagegen jemand linkisch ist, dann hat er zwei linke Hände. Ziemlich link oder ein linker Vogel zu sein ist sogar stark abwertend. Im Englischen kann jemand nach einer umgangssprachlichen Redewendung *completely left-handed* sein und ist dann sturzbesoffen.

Im antiken Rom war es üblich, einen linkshändigen Sklaven als »beschädigte Ware« zurückzugeben. Noch schlimmer erging es linkshändigen Frauen im Mittelalter. Sie endeten oft auf dem Scheiterhaufen.

Selbst in unserer vermeintlich so aufgeklärten Zeit wird in manchen Kulturen im arabischen Sprachraum Linkshändigkeit mit einer gewissen Abneigung begegnet, während es bei uns mehr und mehr die Sichtweise gibt, es sei ein Zeichen für besondere Pfiffigkeit und Durchsetzungsvermögen.

Wenn es bei uns und überhaupt in der belebten Natur derart auffällige Links-rechts-Asymmetrien gibt, dann liegt die Frage nahe, wie es in der unbelebten Natur ist. Also etwa in der Welt der Elementarteilchen. Wäre diese Frage vor 70 Jahren einem Physiker gestellt worden, hätte die Antwort nur lauten können, dass der Kosmos in Bezug auf die *Händigkeit*, wie es im Physiker-Slang heißt, völlig symmetrisch ist. Physikalische Prozesse, die linksherum ablaufen können, können das auch rechtsherum. Keine Richtung wird gegenüber der anderen bevorzugt. So weit die gängige Antwort bis 1956.

Doch plötzlich, 1957, passiert etwas Atemberaubendes. Es ist nicht übertrieben, dieses Jahr als das spektakulärste der Physik der vergangenen 100 Jahre zu bezeichnen. Es war ein tolles Jahr, um Physiker zu sein. Auf den Fluren von Physik-Instituten tummelten sich die Wissenschaftler, gestikulierten, diskutierten und kritzelten Diagramme auf Tafeln. Und konnten es einfach nicht fassen. Das Unmögliche war eingetreten, der Sturz der Parität.

Was war passiert?

Die beiden chinesischen Physiker T. D. Lee und C. N. Yang waren Mitte der 1950er-Jahre aus mathematischen Gründen zu dem Ergebnis gekommen, dass die Richtungssymmetrie bei einigen physikalischen Prozessen nicht gewahrt blieb. Etwas, das eigentlich undenkbar war. Aber sie fanden wenig Gehör. Erst 1957 konnte die chinesische Physikerin C. S. Wu den experimentellen Beweis dafür liefern. Und zwar mit dem Atomkern Kobalt 60, einem radioaktiven Isotop. Dessen Elektronen wer-

den bei starker Abkühlung des Isotops in zwei Richtungen aus-
gesendet, und zwar relativ zur Eigenrotation des Atomkerns entweder nach links oder nach rechts. Das Aussenden der Elektronen hätte in beide Richtungen gleich stark sein müssen. Doch es
gab eine Bevorzugung der linken Seite, immer und immer wieder. Unglaublich!

Damit war die Ausgewogenheit zwischen Links und Rechts beim
Zerfall von Kobalt 60 verletzt, die Parität gebrochen. Solche Pa-
ritätsverletzungen sind extrem selten. Mehr als 99,99 Prozent
aller physikalischen Prozesse verhalten sich vollkommen symmetrisch. Nur eben nicht dieser und einige wenige andere.

Diese Entdeckung war eine physikalische Jahrhundertsensation.
Der Nobelpreisträger Wolfgang Pauli meinte augenzwinkernd,
Gott sei offensichtlich ein schwacher Linkshänder. Das Adjektiv
schwach bezieht sich hierbei auf die Schwache Wechselwirkung,
eine Kraft, die beim Zerfall von Atomen eine Rolle spielt.

Überhaupt haben Wissenschaftler über die Jahrhunderte einiges
über Gott gesagt, das schmunzeln lässt. Als Leibniz sich der Tatsache bewusst wurde, dass sich ein Viertel der legendären Kreiszahl Pi ergibt, als er die Reihe der abwechselnd positiven und
negativen Kehrwerte nur der ungeraden Zahlen bildete, war er
so baff, dass er ausrief: »Gott liebt die ungeraden Zahlen!«

Gott als schwacher Linkshänder mit einer Vorliebe für ungerade
Zahlen. Das ist so etwas wie ein Sturz der Parität zwischen gerade und ungerade im Zahlenkosmos.

Sie finden, das grenzt an Philosophie? Da können Sie recht
haben. Immanuel Kant, der deutsche Kult-Philosoph, hat zum
Beispiel schon 1768 die Frage geklärt, warum der Raum absolut
und von den Dingen unabhängig sein müsse. Mit der einfachen
Antwort, weil es sonst keinen Unterschied zwischen links und
rechts gäbe. Kant hatte übrigens auch auf andere Asymmetrien
hingewiesen. So etwa auf die Tatsache, dass »alle Völker der
Erde rechtsch sind«, wie er es damals nannte, also mehrheitlich
Rechtshänder.

Was die Absolutheit des Raumes betrifft, so gab Kant dafür das sogenannte Argument vom ersten Schöpfungsstück. Er nimmt fiktiv an, das allererste Ding in einer ansonsten völlig leeren Welt sei eine einzelne von Gott geschaffene Menschenhand. Diese einzelne Menschenhand müsse unvermeidlich entweder eine rechte oder aber eine linke Hand gewesen sein. Es sei nicht möglich, sie in Bezug auf die Einteilung links oder rechts völlig unbestimmt zu belassen. Denn wäre das der Fall und würde Gott anschließend einen handlosen Körper schaffen, müsste sie auf beide Seiten des Körpers passen. »Was offensichtlich unmöglich ist«, wie Kant schlussfolgerte.

Hier beging Kant allerdings einen Denkfehler, den er später selbst bemerkte und der ihn vom absoluten Raum abrücken ließ. Dadurch, dass er Gott einen handlosen Körper erschaffen lässt, wird die Situation grundlegend verändert und das Problem beseitigt. Denn dann kann man die zuerst geschaffene Hand in Bezug auf diesen Körper als eine rechte oder eine linke Hand definieren.

Doch jetzt Schluss mit der Philosophie. Wenden wir uns abschließend etwas Vergnüglichem zu.

Zwei Drittel aller Menschen drehen beim Küssen den Kopf nach rechts. Das hat der Biopsychologe Professor Onur Güntürkün in einer wissenschaftlichen Studie ermittelt. Ist das gut zu wissen? Oder eher nicht? Jedenfalls ist diese Studie ein Beitrag, um Harmonie und Romantik in unserer Welt besser zu verstehen. Vielleicht sogar ein nobelpreiswürdiger Beitrag.

Damit ist jetzt natürlich nicht *der* Nobelpreis gemeint, sondern der eher satirische Ig-Nobelpreis. Dieser wird von der Harvard-Universität in einer grandios pompösen Zeremonie verliehen, angesiedelt irgendwo zwischen Cocktail und Molotow. Und zwar für an sich ernst gemeinte Forschung und andere Aktivitäten, die sich durch ultimative Skurrilität auszeichnen. Und die aufgrund ihrer Kuriosität zuerst zum Lachen, dann aber zum Nachdenken verleiten.

Zum Beispiel war die Preisträgerin für Frieden im Jahr 2000 die Royal Navy Großbritanniens. Um Geld bei ihren Manövern einzusparen, ließ die Navy die Variante testen, dass die Kanoniere nicht, wie sonst üblich, mit Platzpatronen schossen, sondern nach dem sorgfältigen Zielen einfach nur lauthals »Peng« brüllten. Das sparte mehr als eine Million Pfund pro Jahr. In Interviews zeigten sich allerdings viele Matrosen deprimiert, da auf diese Weise ihr Dienst zur großen Lachnummer werde.

Dazu besteht kein Grund. Vielmehr finden wir das Vorgehen vorbildlich. Alle Kampfhandlungen sollten so durchgeführt werden. Das dient dem Überleben der Menschheit, der Sanierung der Finanzen und selbst dem Klima. »Peng« ist gewaltfrei, umweltschonend und klimafreundlich. Auf zu mehr »Peng« im Leben.

Meilenweit und metergenau

Eintausendachthundertzweiundfünfzig Meter, das ist die Länge einer Seemeile, eine Längeneinheit, die viele Mitteleuropäer als schwierig und schwer greifbar empfinden. Doch beide Maße, Meter und Meile, haben noch heute ihre berechtigte Bedeutung. Rund 95 Prozent aller Menschen weltweit verwenden heutzutage Meter und Kilometer als Maßeinheit. Die Schifffahrt und die Luftfahrt orientieren sich jedoch nach wie vor an der Seemeile oder der Nautischen Meile.

Um die Verwirrung komplett zu machen, wird in einigen angloamerikanischen Staaten statt des Kilometers die Landmeile mit einer Länge von 1609,334 Metern verwendet. Diese englische Meile *(statute mile)* unterscheidet sich in ihrer Definition jedoch grundlegend von der Nautischen Meile und vom Meter.

Die englische Meile hat, wie viele alte Längenmaße, ihren Ursprung in den Abmessungen des menschlichen Körpers. Ausgehend von Finger- und Handbreite, Elle und Fuß, wurden auch Längenmaße für größere Entfernungen wie Yard und Meile definiert, von Land zu Land unterschiedlich und ständigen Änderungen unterworfen. Und natürlich gab es keine einheitlichen Bezugsgrößen. Das wurde durch den zunehmenden Handel im 17. und 18. Jahrhundert zum gravierenden Problem. Wer Waren zwischen Paris und Berlin handelte, musste mit zehn verschiedenen Längensystemen jonglieren können.

Deshalb suchten die Menschen bald nach Lösungen. Sie wollten ein System, das überall und unabhängig von den Maßen des menschlichen Körpers funktionierte. 1668 schlug der französische Astronom Jean Picard die Länge des Sekundenpendels als neue Einheit vor. Ein Sekundenpendel ist ein mathematisches Pendel, bei dem die Dauer einer Halbschwingung genau eine Sekunde beträgt. Das hätte eine für damalige Verhältnisse sehr genaue Definition für den Meter ergeben, nämlich nach heutigem Maßstab 0,994 Meter. Hätte sich diese Definition durchgesetzt, hätten wir noch einen spannenden Nebeneffekt bei der Berechnung der Fallbeschleunigung. Die Fallbeschleunigung ließe sich dann leicht bestimmen – als das Quadrat der Kreiszahl Pi. Nicht so schön ist hingegen die Tatsache, dass die Fallbeschleunigung auf der Erde nicht konstant ist und sich damit die Länge des Meters von Ort zu Ort unterschieden hätte.

Die andere Idee, ein Längensystem ohne den Menschen als Bezugsgröße zu definieren, lag nahe. Man nahm Mutter Erde als Maßstab. An ihr orientieren sich die Berechnungen von Nautischer Meile und Meter.

Die Erde ist entlang eines Meridians in 360 Grad eingeteilt, und jedes Grad wiederum in je 60 Bogenminuten. Wenn wir den mittleren Umfang der Erde an einem Längenkreis von 40 008 Kilometern zugrunde legen (oder gerundet 40 000), durch 360 und anschließend durch 60 dividieren, erhalten wir als Ergebnis einen Wert von 1,852 Kilometern oder eben 1852 Metern. Die Nautische Meile ist also die Länge, die eine Grad- oder Bogenminute auf dem Gradnetz der Erde umfasst.

Der Vorteil dieser Methode ist jedem Hobbysegler und Navigator auf hoher See klar. Jede Seekarte liefert den Maßstab gleich mit. Wer die Entfernung seines Schiffes zur nächsten Insel wissen möchte, misst den Abstand mit den Schenkeln eines Zirkels und hält diesen Zirkel an den linken oder rechten Rand der See-karte. Dort ergibt die Anzahl der Bogenminuten die Entfernung in Seemeilen.

Und der Meter? Auch bei seiner Definition spielte die Kugelge-stalt der Erde eine wichtige Rolle. Im Zuge der Französischen Revolution wollten sich die Abgeordneten einheitliche Maße verordnen. Sie bestimmten 1791, dass ein Meter der zehnmilli-onste Teil der Länge des Erdquadranten zwischen Nordpol und dem Äquator sein soll. Natürlich auf dem Meridian, der durch Paris verläuft. Da die Länge unbekannt war, schickte die Natio-nalversammlung zwei Astronomen los, dieses Maß zu beschaf-fen. Sie maßen mithilfe der Triangulation Entfernungen und Winkel zwischen Dünkirchen im Norden und Barcelona im Sü-den und bestimmten so zum ersten Mal die Länge für einen Me-ter. Die Unruhen rund um die Französische Revolution verzö-gerten das Vorhaben jedoch. Erst nach deren Ende wurde im Jahr 1799 der Urmeter in Paris aus Platin gefertigt.

Die Messungen waren allerdings ungenau, wie sich bald heraus-stellte. Der Urmeter war um 0,2 Millimeter zu kurz geraten. Au-ßerdem haben die Astronomen bei den Vermessungsarbeiten festgestellt, dass die Erde alles andere als eine perfekte Kugel ist und der Erdumfang sich von Ort zu Ort unterscheidet.

Trotzdem konnte sich der Meter international durchsetzen und gehört heute zu den SI-Einheiten. Das sind die Einheiten, aus denen sich alle anderen Einheiten ableiten lassen. Mittlerweile wurde für ihn eine neue Definition gefunden, die von einer Na-turkonstante, der Lichtgeschwindigkeit, abgeleitet wurde. Diese Definition ist also im gesamten Universum gültig. Danach ist ein Meter die Strecke, die das Licht im Vakuum während des 299 792 458. Bruchteils einer Sekunde zurücklegt. Die Metrolo-gen, so heißen die Fachleute für das Messwesen, sind happy. Doch der 0,2-Millimeter-Fehler wurde niemals ausgemerzt, weshalb 10 000-Meter-Läufer eigentlich zwei Meter mehr laufen müssten, um exakt 10 000 Meter zu laufen.

Zu guter Letzt ein Tipp, wie Sie verhältnismäßig leicht Seemeilen in Kilometer umrechnen können, falls Sie in die Lage kommen, Entfernungen vergleichen zu müssen.

Verdoppeln Sie die Anzahl der Seemeilen und ziehen Sie dann vom Ergebnis zehn Prozent ab. Unterm Strich führen Sie eine Multiplikation mit 1,8 durch, was aber im Kopf ziemlich schwierig sein dürfte. Sie werden mit der Zehn-Prozent-Methode etwas unter dem exakten Ergebnis liegen (um etwa drei Prozent), aber für einen schnellen Überschlag ist diese Kopfrechnung gut genug.

Die Vermessung der Welt

Machen Sie mit uns eine Zeitreise in das Jahr 1732 in den Pariser Bezirk Saint-Germain. Hier lebt Georges-Louis Leclerc, der Graf von Buffon. Der ist 25 Jahre alt und durch eine üppige Erbschaft von seinem früh verstorbenen Taufpaten finanziell unabhängig. So hat er genügend Zeit, sich als Privatgelehrter mit Wahrscheinlichkeitstheorie, Geometrie und Physik zu beschäftigen.

An einem Tag dieses Jahres 1732 schaut er versonnen aus dem Fenster und sieht einem kleinen Gefährt nach, das einige Brotkörbe mit Baguettes transportiert. Da die Straße sehr holprig ist, fällt einer der Brotkörbe vom Wagen auf die Straße und kippt um. Die Baguettes purzeln heraus. Eines liegt teils auf der Straße, teils auf dem angrenzenden Gehweg.

An sich keine weltbewegende Sache. Wer es überhaupt bemerkt, würde es sicher ebenso schnell wieder vergessen. Ja, wenn da nicht eine Frage wäre. Doch muss man wohl eine Leidenschaft für die Wissenschaft haben und ein Nerd sein, um diese Frage zu stellen.

Wie wahrscheinlich ist es, dass ein vom Wagen fallendes Baguette teils auf der Straße, teils auf dem Gehweg landet, also die Trennungslinie zwischen beiden schneidet? So soll es angefangen haben, das Interesse des Grafen von Buffon an geometrischen Wahrscheinlichkeiten.

Völlig irrelevant, meinen Sie?

Nein, ganz und gar nicht. Warten Sie bitte ab, bevor Sie wegen eines Baguettes aufhören zu lesen. Erstens möchten wir Sie und Ihre volle Aufmerksamkeit nicht verlieren. Zweitens würden Sie wirklich etwas verpassen und nie erfahren, was das herausfallende Baguette mit der Kreiszahl Pi zu tun hat. Oder wie Ameisen eine darauf basierende Methode benutzen, um die Größe von Nestern für ihre Ameisenkolonie auszumessen. Das hängt tatsächlich alles irgendwie mit den Baguettes zusammen. Auch die Vermessungstechnik der Ameisen.

Zunächst beflügelte die unscheinbare Szenerie unseren Grafen, selbst ein paar Experimente mit Baguettes durchzuführen. Auf seinem Küchenboden, der rechteckige Kacheln besaß. Er warf ein Baguette auf diesen Küchenboden und beobachtete, ob es beim Aufkommen eine der Fugen an der Längsseite zwischen zwei Kacheln berührte oder kreuzte. Eine solche Situation nannte er einen Treffer.

Der Graf fragte sich, ob diese Treffer selten oder häufig vorkommen. Konkret wollte er also wissen: Mit welcher Wahrscheinlichkeit kommt es beim willkürlichen Werfen eines Baguettes zu einem Treffer?

Das war eine außergewöhnliche Frage. Erstens überhaupt und zweitens ganz besonders für die damalige Zeit. Die Menschheit hatte erst etwa 80 Jahre vorher begonnen, sich überhaupt mathematisch mit dem Zufall zu beschäftigen und dafür den Begriff der Wahrscheinlichkeit eines Ereignisses einzuführen.

Während Geometrie bereits seit Jahrtausenden betrieben wird, gibt es eine mathematische Wahrscheinlichkeitstheorie erst seit dem Jahr 1654. In diesem Jahr hatte sich nämlich ein anderer französischer Adeliger und leidenschaftlicher Glücksspieler, Chevalier de Méré, an den Mathematiker und Philosophen Blaise Pascal mit dieser Frage gewandt: Ab welcher Zahl von Würfen zweier Spielwürfel ist es günstig, auf mindestens eine Doppelsechs zu wetten?

Blaise Pascal berichtete dem schon damals berühmten Mathematiker Pierre de Fermat von dieser Anfrage. Der Briefwechsel dieser beiden bedeutenden Männer zeigt, dass es ihnen gelang, die Frage des Chevaliers zu beantworten und dafür das neue Konzept von Wahrscheinlichkeiten einzuführen.

Zu Zeiten des Grafen von Buffon steckte die Wahrscheinlichkeitsrechnung noch in den Kinderschuhen. Umso faszinierender muss damals der Umgang mit diesem neuen Tool gewesen sein. Und in der Tat, als der Graf die Frage zur Lage des Baguettes mathematisch bedachte, hätte er nicht überraschter sein können, dass die Antwort mit der Kreiszahl Pi zu tun hatte. Die Wahrscheinlichkeit, dass ein willkürlich geworfenes Baguette eine Fuge zwischen zwei Kacheln kreuzt, hat mit der Zahl zu tun, die man eigentlich mit dem Umfang von Kreisen verbindet.

Wenn das Baguette genau halb so lang ist wie der Abstand zweier Fugen zwischen benachbarten Kacheln, dann ist die Wahrscheinlichkeit einer Überschneidung genau der Kehrwert von Pi:

$$\frac{1}{\pi}$$

Diese Entdeckung war eine Sensation. Und absolut faszinierend. Wie hat es die Kreiszahl geschafft, an dieser Stelle, die gar nichts mit Kreisen zu tun hat, einfach aus dem Nichts heraus aufzutauchen?

Betrachten wir die Angelegenheit etwas genauer. Da Baguettes auf Küchenböden nicht ganz so appetitlich sind, ändern wir die Versuchsanordnung ein bisschen, aber nicht entscheidend. Wir nehmen eine Nadel der Länge L, die willkürlich auf einen großen Bogen liniertes Papier geworfen wird. Der Buchstabe A bezeichnet den Abstand zwischen den Linien auf dem Papier. Die Wahrscheinlichkeit W, dass die Nadel eine Linie kreuzt, ist dann genau

$$W = \frac{2L}{\pi A}$$

Diese Formel ist deshalb etwas Besonderes, weil sie eine experimentelle Bestimmung von Pi ermöglicht.

Wiederholen wir nämlich einen Zufallsvorgang sehr oft, so nähern sich die relativen Häufigkeiten der jeweiligen Ereignisse deren Wahrscheinlichkeiten an. Das sind die guten Nachrichten, die das Gesetz der Großen Zahlen für uns parat hält. Mathematiker bezeichnen deswegen Wahrscheinlichkeiten auch als Grenzwerte relativer Häufigkeiten.

Bezeichnen wir den Anteil der Nadelwürfe, bei denen eine Linie gekreuzt wird, mit H, bleibt die Gleichung oben näherungsweise erhalten, wenn wir die Wahrscheinlichkeit W durch die relative Häufigkeit H ersetzen. Stellt man dann um, ist Pi ungefähr gleich dem Kehrwert der relativen Häufigkeit, multipliziert mit einem Faktor:

$$\pi \approx \frac{1}{H} \times \frac{2L}{A}$$

Sie können diese Annäherung so genau machen, wie Sie möchten. Sie müssen nur die Anzahl der Nadelwürfe erhöhen. Die Berechnung von Pi wird umso genauer, je häufiger Sie werfen.

Im Jahre 1901 wollte der italienische Mathematiker Mario Lazzarini das ganz exakt wissen. Er warf eine 2,5 cm lange Nadel auf ein Linienmuster mit dem Linienabstand 3 cm. Er tat es sehr oft, und zwar insgesamt 3408 Mal. In 1808 Fällen kreuzte die Nadel eine der parallelen Linien. Das ergibt eine relative Häufigkeit von

H = 0,5305164...

Mit der Näherungsformel kam er auf den Wert

Pi ≈ 3,1415929

der auf sechs Nachkommastellen genau ist. Das ist für die relativ geringe Anzahl von Würfen schon ziemlich exakt.

Einige Wissenschaftshistoriker waren aufgrund dieser Genauigkeit auch skeptisch. Wahrscheinlich haben sie sich gefragt, was wohl nach dem 3408. Wurf der Nadel passiert sein mag. Hat Signore Lazzarini die Lust am Werfen verloren? Wurde er müde? Zerbrach seine Nadel? Oder prüfte er vielleicht nach diesem

Wurf seine Annäherung an die Kreiszahl und stellte fest, wie großartig die war, sodass er es gut sein ließ und alle weiteren Bemühungen abrupt einstellte?

Doch wir wollen sein hübsches Resultat nicht hinterfragen und ihn vielmehr dafür loben, dass er sich mit einer doch recht esoterischen Methode der Kreiszahl genähert hat.

Weit weniger esoterisch wird die ganze Sache, wenn man nach Anwendungen für diesen heute sogenannten Buffon'schen Nadelalgorithmus fragt.

Die eben betrachtete Anwendung war die Berechnung der Kreiszahl, wenn die Länge der Nadel und der Linienabstand zwischen den Geraden bekannt sind. Na ja, aber eigentlich ist ja Pi bekannt, heutzutage sogar auf viele Billionen Stellen hinter dem Komma. Insofern ist eine Annäherung mit Nadelwürfen nur eine hübsche Spielerei.

Die Kenntnis von Pi ermöglicht es jedoch, den Buffon'schen Nadelalgorithmus in umgekehrter Weise anzuwenden. Nämlich, um mit bekanntem Pi und bekanntem Linienabstand die unbekannte Länge der geworfenen Nadel zu bestimmen.

Noch interessanter aber wird die Anwendung des Algorithmus, wenn man erfährt, dass er auch noch funktioniert, wenn es keine Nadeln sind, die geworfen werden, sondern andere geometrische Objekte. Etwa beliebige Kurven wie krumme Linien oder etwas relativ Kompliziertes wie das Straßenverkehrsnetz einer kleinen Insel.

Genau das tat nämlich Mr Handwich im Jahr 1983. Er kopierte das Straßenverkehrsnetz der Hebrideninsel Isle of Skye auf eine transparente Folie. Einem Zoll auf der Folie entsprachen fünf Meilen auf der Insel. Er warf diese Folie zehnmal willkürlich auf ein Tischtuchmuster mit Linien im Abstand von einem halben Zoll. Bei diesen zehn Würfen ergaben sich 372 Überschneidungen. Daraus ermittelte er die Länge des Straßenverkehrsnetzes der Insel mit 146,1 Meilen. Der genaue Wert ist 145,0 Meilen. Nicht schlecht.

Doch damit nicht genug. Richtiggehend spektakulär wird die ganze Geschichte, wenn Sie wissen, dass auch eine bestimmte Ameisenart den Buffon'schen Nadelalgorithmus einsetzt.

Es ist die auch in Deutschland vorkommende Art *Leptothorax albipennis*. Typischerweise lebt die Königin mit der Brut und ein paar Hundert Drohnen in einem Nest, etwa einer Felsspalte. Reicht das Nest nicht mehr aus, weil es zum Beispiel teilweise zerstört wurde, muss der ganze Clan umziehen. Das macht er nicht einfach spontan. Vielmehr schickt die Königin einige Drohnen als Späher los. Diese haben den Auftrag, einen neuen Platz für das Nest ausfindig zu machen.

Die Königin ist wählerisch. Der Platz muss genau richtig sein, nicht zu klein, aber auch nicht zu groß. Die Späher wissen das. Und das bedeutet natürlich, sie müssen den gefundenen Ort vermessen. Noch dazu bei Dunkelheit. Flächen, die um einiges größer sind als die Reichweite des Ameisen-Sensoriums. Eine große Aufgabe für eine kleine Ameise, oder?

Die Art und Weise, wie die Ameisen die Größe einer Ebene ermitteln, ist eine zweidimensionale Version des Buffon'schen Nadelalgorithmus. Hat ein Späher einen Platz für das Nest gefunden, den er für geeignet hält, läuft er dort ganz zufällig hin und her, kreuz und quer. Er macht also eine Zufalls-Wanderung auf dieser Fläche, läuft also im Zickzack mit zahlreichen Richtungsänderungen.

Bei dieser Zufalls-Irrfahrt hinterlässt er eine Pheromonspur. Dann sucht er weiter. Er will noch andere Plätze finden, die infrage kämen.

Hat der Späher eine weitere Möglichkeit entdeckt, legt er wieder eine zufällige Pheromonspur. Irgendwann kehrt er zu den früher gefundenen Plätzen zurück. Dort macht er dann einen zweiten erratischen Lauf kreuz und quer über die gesamte Fläche.

Wie finden Sie es, dass der Späher dabei jede Überschneidung registriert, die er mit seiner früheren Pheromonspur hat? Grandios, oder?

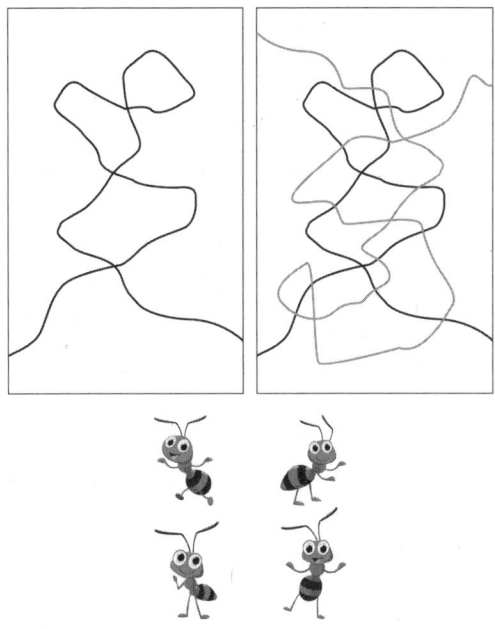

Wissenschaftler haben festgestellt, dass die Ameisen für den Bruchteil einer Sekunde ihre Geschwindigkeit reduzieren, also gewissermaßen beim Überqueren der alten Pheromonspur etwas verharren, als wollten sie sichergehen, die Überquerung irgendwo zu vermerken. Studien ergaben nämlich, dass die Späher anhand der Anzahl der Überschneidungen der aktuellen Spur mit der früheren die Größe der Fläche und damit die Nestgröße einschätzen können.

Mathematisch ist das vollkommen seriös. Es lässt sich mathematisch beweisen, dass die Größe einer Ebene umgekehrt proportional zur Anzahl N der Überschneidungen zweier Zufallsstrecken ist. Haben diese Streckenzüge Gesamtlängen von S und T und sind zufällig über die Fläche verteilt, dann ergibt sich für die Größe ein Schätzwert A aus der Formel

$$A \approx \frac{2}{\pi} \times \frac{ST}{N}$$

Clever ist auch, dass die Späher bei ihrem ersten Besuch eines Platzes für das Nest, unabhängig von dessen Größe, beim Ablaufen immer eine Strecke derselben Länge zurücklegen. Insofern wird eine der Variablen konstant gehalten.

Monsieur Leclerc alias Graf de Buffon mag als Erster Stangenbrote auf gekachelte Küchenfußböden geworfen haben. Und er mag daraus den nach ihm benannten Algorithmus zur Berechnung von Pi entwickelt haben. Und ein gewisser Mr Handwich mag diesen Algorithmus für die Vermessung von Streckenlängen umgemodelt haben. Doch die Grundidee des Algorithmus geht sehr weit zurück, auf die Ameisen vor vielen Millionen von Jahren nämlich. Die haben das Urheberrecht für diese ausgesprochen geniale Methode zur Vermessung der Welt.

Von Hackern und Heuschrecken

Eine Lieblingszahl vieler Menschen ist die Siebzehn. Sie ist, im Gegensatz zur Dreizehn, in vielen Ländern positiv besetzt. So sprechen wir von einem *Trick 17,* wenn der Lösungsweg besonders verblüffend und einfach ist. Wir kennen das Kartenspiel *Siebzehn und Vier* und das Würfelspiel *Siebzehn gewinnt.* Oder denken Sie an alte Schlager wie *Siebzehn Jahr, blondes Haar* von Udo Jürgens oder *Mit 17 hat man noch Träume* von Peggy March. Bevor wir tiefer in die Mathematik dieser Zahl einsteigen, werfen wir einen Blick nach Italien. Dort ist die Siebzehn alles andere als »schön« und »besonders«. In Italien entspricht die Siebzehn eher unserer Dreizehn, ist also eine Pechzahl. In Italien gilt Freitag, der Siebzehnte, als Unglückstag. Es gibt bei der italienischen Fluglinie Alitalia keine siebzehnte Sitzreihe. Selbst der französische Autobauer Renault verkaufte sein Automodell R17 in Italien sicherheitshalber als R117. Bei der Varusschlacht im Jahre 9 n. Chr. im Teutoburger Wald wurden drei römische Legionen von den Cheruskern geschlagen, unter anderem die siebzehnte Legion. Außerdem soll nach Genesis 7,11 die Sintflut im 600 Jahre des Lebens von Noah, im zweiten Monat und am siebzehnten Tag eingesetzt haben.

Zurück zur Mathematik. Viele Mathematiker haben sich mit der Siebzehn auseinandergesetzt. Pythagoras hasste diese Zahl, Carl Friedrich Gauß verdankte ihr hingegen eine seiner wichtigsten Entdeckungen. Er hat herausgefunden, dass es die Darstellung der Zahl 17 als Fermatsche Primzahl ermöglicht, ein regelmäßiges Siebzehneck mit Lineal und Zirkel zu konstruieren. Gauß war darauf mächtig stolz. Wir beschäftigen uns aber hier weiter mit den normalen Primzahlen. Also mit Zahlen, die nur durch Eins und durch sich selbst teilbar sind.

Die Siebzehn ist die siebte Primzahl: 2, 3, 5, 7, 11, 13, 17 usw. Der griechische Mathematiker Euklid hat sich vor mehr als 2300 Jahren ausführlich mit Primzahlen beschäftigt und zum Beispiel nachgewiesen, dass es unendlich viele davon gibt und dass der Abstand zwischen ihnen nach oben hin im Schnitt größer wird. Einige Vermutungen über Primzahlen sind bis heute weder bewiesen noch widerlegt. Zum Beispiel die Vermutung, dass es unendlich viele Primzahl-Zwillinge geben könnte, also Primzahlen, die im Abstand von 2 aufeinander folgen. Wie zum Beispiel 3 und 5 oder 11 und 13 oder eben 17 und 19.

Was macht Primzahlen bis heute interessant für Mathematiker? Primzahlen sind beispielsweise die Grundlage moderner Verschlüsselungssysteme. Diese basieren darauf, dass Computer sehr schnell große (selbst 1000-stellige) Primzahlen finden und multiplizieren können, es aber umgekehrt unmöglich ist, ein derart großes Produkt wieder in seine Teiler zu zerlegen. Das bekannte Produkt wird benutzt, um eine Botschaft zu verschlüsseln. Und seine geheim gehaltenen Teiler werden benötigt, um die Botschaft zu entschlüsseln.

Die besonderen Eigenschaften einer Primzahl sind selbst dem Tierreich nicht ganz entgangen. Einige Heuschreckenarten vertrauen das Überleben ihrer Art der Siebzehn an. Es sieht so aus, als ob sie bis 17 zählen könnten. Deshalb wurden sie auch nach ihrer Zählfertigkeit benannt, *Magicicada septendecim*. Die Magicicada gehören zur Familie der Singzikaden und kommen im Osten der USA vor. Alle siebzehn Jahre erleben die Menschen zwischen dem Mississippi und den Apalachen eine regelrechte Zikadeninvasion. Die massenhafte Zikadenvermehrung in den seltenen Primzahljahren wird von Biologen als Schutzmechanismus angesehen. Potenzielle Räuber wie Vögel, Eichhörnchen oder Reptilien sind bald übersättigt, sodass genügend Individuen der Population überleben.

Doch warum schlüpfen diese Insekten in einem Primzahl-Jahres-Intervall? Weil sie so ein direktes Aufeinandertreffen mit weiteren Fressfeinden vermeiden. Würden sie zum Beispiel alle zwölf Jahre schlüpfen, wären sie ein gefundenes Fressen für alle Räuber, die einen ein-, zwei-, drei-, vier-, sechs- oder zwölfjährigen Rhythmus hätten. Dadurch, dass die Zikaden in Mathematik gut aufgepasst und sich für eine Primzahl entschieden haben, sind ihnen nur noch die Fressfeinde gefährlich, die jährlich auftreten oder eben alle siebzehn Jahre. Die Überlebenschancen steigen damit enorm an.

Da die Natur gerne experimentiert, gibt es einige Zikadenarten, die die Primzahl 13 spannender finden und sich alle 13 Jahre massenhaft vermehren. Aber den Primzahlen bleiben auch diese Magicicada treu.

Die Sonnenblume als Zahlentheoretikerin

Das scheint uns eine prima Überschrift zu sein, unter der man über Pflanzen und Zahlen sprechen kann. Was haben Pflanzen mit Zahlen zu tun? Mehr, als Sie sich im Moment wahrscheinlich vorstellen können. Nehmen wir als Erstes die Fibonacci-Zahlen. Die trifft man in der Natur an allen Ecken und Enden. Aber nicht nur in der Natur, sondern auch in Wissenschaft, Kultur und Technik. Das liegt an ihrer unglaublichen Vielseitigkeit. Und das ist keine Übertreibung.

Seit 1963 gibt es eine international bekannte wissenschaftliche Zeitschrift mit dem Namen *Fibonacci Quarterly,* die sich der Erforschung der Eigenschaften von Fibonacci-Zahlen und deren Anwendungen widmet. Auch nach einem halben Jahrhundert ist der Elan der Redakteure ungebrochen. Ständig wird Neues über diese Zahlen entdeckt und erforscht.

Die Folge der Fibonacci-Zahlen fängt mit einer Null und einer Eins an. Die nächste Zahl ist deren Summe, und jede weitere Zahl entsteht als Summe der beiden direkt vorhergehenden Zahlen. Der Anfang der Folge sieht demnach so aus

$$0, 1, 1, 2, 3, 5, 8, 13, 21, 34, 55, 89, 144 \ldots$$

Dieses kleine Stück eignet sich bereits wunderbar, um etwas auszuprobieren. Bilden Sie den Quotienten zweier aufeinanderfolgender Zahlen, also 8/5 oder 21/13, was passiert dann? Wieder einmal etwas Erstaunliches. Das Ergebnis, also der Bruch liegt in der Nähe einer Zahl, die in der Mathematik einen fast so legendären Ruf genießt wie die Kreiszahl Pi. Diese Zahl heißt Goldener Schnitt. Die Quotienten kommen dem Goldenen Schnitt tatsächlich immer näher, je größer die beiden benachbarten Fibonacci-Zahlen sind, die ihn bilden.

Der Goldene Schnitt ist kein normaler Bruch. Also keine rationale, sondern eine irrationale Zahl. Im Klartext bedeutet dieser kuriose Fachbegriff, dass sie unendlich viele Nachkommastellen hat, die kein Muster enthalten und keine Systematik aufweisen. Ihre ersten Ziffern sind 1,618… Schon mit 21/13 = 1,615… ist man da recht nah dran.

Super. Damit haben wir das Ziel unserer Einleitung erreicht und sind beim Goldenen Schnitt angekommen, diesem mysteriösen Objekt im Reich der Zahlen. Es ist genau der Punkt, den wir mit diesem Vorspiel ansteuern wollten.

Denn nun können wir eine Frage loswerden, die auf den ersten Blick eigentlich gar nichts damit zu tun hat. Sie richtet sich nicht nur an jene, die Zimmerpflanzen hegen und pflegen oder Gartenpflanzen kultivieren.

Haben Sie sich je gefragt, wie Pflanzen ihre Blätter um den Stängel anordnen? Nein?

Das haben wir uns fast gedacht.

In der Tat geht der Großteil der Menschheit wohl durchs Leben, ohne sich diese Frage jemals zu stellen. Man muss allerdings kein Biologe sein, um die Antwort interessant zu finden. Davon möchten wir Sie jedenfalls überzeugen. Bei der Beantwortung der Frage spielt der Goldene Schnitt eine große Rolle. Es ist sogar berechtigt zu sagen, dass er eigentlich sogar die entscheidende Rolle spielt.

Nehmen wir eine Sonnenblume. Und zwar noch nicht als fertiges Gewächs, sondern im Anfangsstadium. Ganz am Anfang steckt sie als Samen im Erdreich. Dann wächst sie aus dem Erdboden heraus und immer weiter in die Höhe. Irgendwann beschließt das Pflänzchen, wenn wir das so sagen wollen, dass es nun Zeit für das erste Blatt ist. Und schon bald sprießt an einer Stelle des Sonnenblumenstängels ganz munter ein Sonnenblumenblatt.

Gut. So wäre auch das erst mal geschafft. Und die Sonnenblume wächst weiter. Auch ihr Blatt wächst natürlich mit. Doch ein Blatt allein macht noch keinen Sommer, oder wie das Sprichwort heißt. Das ist richtig. Irgendwann beschließt deshalb die Sonnenblume: Es ist Zeit für das zweite Blatt.

Genau an diesem Punkt halten wir einen Moment inne. Nämlich um uns zu fragen, wie wir selbst vorgehen würden. Als Sonnenblume. Wir versetzen uns in die Lage der Sonnenblume und sehen uns vor die Aufgabe gestellt, irgendwo das zweite Blatt sprießen zu lassen.

Wo würden Sie es wachsen lassen?

Hm, wir könnten es unterhalb des ersten wachsen lassen, aber genau auf der entgegengesetzten Seite, also um 180 Grad versetzt? Damit wäre ein großer Vorteil verbunden. Nämlich die Balance. Die Sonnenblume wäre gut austariert.

So weit jedenfalls.

Ist diese Vorgehensweise aber wirklich gut? Sollte die Sonnenblume von einem Blatt zum nächsten tatsächlich immer um 180 Grad drehen, also auf die gegenüberliegende Seite wechseln? Wo würde in dem Fall das dritte Blatt landen? Richtig. Genau unter dem ersten Blatt. Und das vierte genau unter dem zweiten, und so ginge es weiter.

Das erscheint uns nicht zweckmäßig. Denn die Blätter haben unter anderem die Aufgabe, Feuchtigkeit in Form von Regen und Strahlungsenergie in Form von Sonnenlicht aufzufangen. Beides bedeutet für die Blattstellung, dass die oberen Blätter die unteren so wenig wie möglich verdecken dürfen. Eine Drehung von einem Blatt zum nächsten um 180 Grad ist für diese Zwecke alles andere als ideal.

Wie wäre es dann mit einer Drehung um 90 Grad?

Mit den ersten vier Blättern wäre alles okay. Doch das fünfte läge wieder genau unter dem ersten. Ähnliches passiert bei jeder Drehung um einen Anteil des Vollwinkels, der mit einem Bruch darstellbar ist. Zum Beispiel durch den Bruch 3/5. Wenn die

Sonnenblume von einem Blatt zum nächsten um drei Fünftel des Vollwinkels dreht, so wären das genau

$$3 \times 360/5 = 216 \text{ Grad}$$

Schauen wir uns an, was dann passiert.

Das erste Blatt steht bei 0 Grad. Die nächsten Blätter entstehen an den Stellen 216 Grad, 432 Grad, 648 Grad, 864 Grad, 1080 Grad.

Ja, 1080 Grad sind 3 x 360 Grad, also das Dreifache des Vollwinkels.

Es bedeutet, dass dieses sechste Blatt wieder genau unter dem ersten bei 0 Grad positioniert ist. Ähnliches passiert mit jedem Drehwinkel (a/b) x 360 Grad, wenn a und b natürliche Zahlen sind. Deshalb muss um einen Anteil des Vollwinkels gedreht werden, der keine Bruchzahl ist, keine rationale Zahl. Der Anteil muss also eine irrationale Zahl sein.

Damit sind wir mit unseren Überlegungen schon recht weit gekommen. Sie können sich bestimmt bildlich vorstellen, dass es Mutter Natur ist, die diese Überlegungen anstellt – mithilfe von viel Zeit und dem Evolutionsprinzip. Dann ist Mutter Natur nun mit der Entscheidung konfrontiert, welche irrationale Zahl sie nehmen soll, um den Drehwinkel festzulegen.

Keine leichte Entscheidung. Denn immerhin gibt es unendlich viele irrationale Zahlen. Ist eine davon für die Zwecke der Sonnenblume besser geeignet als alle anderen? Ist eine gegenüber allen anderen herausgehoben?

Da jeder Anteil, der eine Bruchzahl und somit rational ist, als Drehwinkel nicht geeignet ist, sollte die Natur jene irrationale Zahl nehmen, die von allen rationalen Zahlen so weit wie möglich entfernt ist. Also im Schnitt weiter von den Brüchen entfernt ist, als es andere irrationale Zahlen sind. In gewisser Weise wäre diese Zahl die »irrationalste« aller irrationalen Zahlen. Das heißt, wenn es sie gäbe. Ja, wenn es sie gäbe, wäre sie die best-mögliche Wahl für die Zwecke der Natur.

Die irrationalste unter allen irrationalen Zahlen gibt es tatsächlich. Vielleicht ahnen Sie, welche Zahl das sein könnte?

Richtig, es ist der Goldene Schnitt.

Um sich mathematisch bestmöglich im Sinne von optimal zu verhalten, müsste die Natur einen Drehwinkel wählen, der den Vollwinkel gemäß dem Goldenen Schnitt in zwei Teile teilt. Nicht einmal der klügste Mathematiker könnte das besser machen.

Und jetzt kommt's. Genauso macht es die Natur bei den Sonnenblumen und vielen anderen Pflanzen. Sie dreht die Blätter gemäß dem sogenannten Goldenen Winkel. Das sind etwa 222,5 Grad in Gegenrichtung zum Uhrzeigersinn. Das Verhältnis dieses Winkels zum verbleibenden Rest von 360 Grad, nämlich 137,5 Grad, entspricht recht genau dem Goldenen Schnitt von 1,618… Fantastisch, oder?

Eines fällt generell auf. Die Natur regelt die Dinge nicht einfach nur irgendwie oder annähernd gut. Nein, sie begibt sich immer auf die Suche nach der besten mathematischen Möglichkeit.

Hier angekommen, liegt der Ball erst einmal im Feld der Biologen. Denn diese Tatsache schreit geradezu nach einer Erklärung, wie das die Natur überhaupt geschafft hat. Wie sie durch einen biologischen Prozess schafft, das Wachstum der Blätter gemäß dem Goldenen Schnitt anzuregen. Es ist eine Sache zu wissen, was das Beste ist, eine andere Sache aber, das gezielt umzusetzen. Wie also gelingt es den Sonnenblumen, einen Winkel von 222,5 Grad zu konstruieren?

Sie machen es, wie könnte es anders sein, mit ausgeklügelter Biochemie. Mithilfe von Hormonen und Proteinen. Wenn eine Pflanze wächst, werden die neuen Blätter immer direkt unten am Stängel hervorgebracht. Für das Wachstum der Blätter ist das Wachstumshormon Auxin zuständig. Ist die Konzentration dieses Hormons an einer Stelle hoch und überschreitet einen

Schwellenwert, wird an dieser Stelle ein Blatt angelegt. Auxin fungiert als Aktivator.

Wurde nun an einer Stelle ein Blatt angelegt, dann geschieht zweierlei. Vom neuen Blatt werden Hormone gebildet und ausgeschüttet. Diese verhindern die Entstehung eines weiteren Blattes in der Nachbarschaft.

Auch das ist Biochemie: Es sind sogenannte Inhibitoren, also »Verhinderer«, die vom neuen Blatt nach beiden Seiten ausströmen. Je größer der Abstand vom neu wachsenden Blatt, desto schwächer ist dort die Konzentration der Verhinderer. Und bei zu schwacher Konzentration können sie keine Wirkung mehr entfalten, also nichts mehr verhindern. Ein gewisses Maß an Präsenz ist dafür notwendig. Zudem zerfallen die Inhibitoren mit einer gewissen Halbwertszeit.

Eine weitere wichtige Rolle spielt beim Blättchenbilden ein Protein mit dem Namen PIN1. Die PIN1-Moleküle steuern Verteilung und Konzentration von Auxin. Es ist nämlich nicht etwa so, dass sich die Auxin-Moleküle vom Wasserkreislauf in der Pflanze einfach so treiben lassen. Denn dann würden die Blätter nach dem Zufallsprinzip an irgendwelchen Stellen am Stängel wachsen.

Die PIN1-Moleküle sind Schlepper für die Auxin-Moleküle. Sie fungieren als Transportvehikel, die das Auxin in eine ganz bestimmte Richtung befördern. Wenn an einer Stelle durch hohe Auxin-Produktion ein neues Blatt angelegt wurde, dann transportieren PIN1-Moleküle aus der Umgebung aktiv weitere Auxin-Moleküle zum neuen Blatt hin, um die Auxin-Konzentration in dessen Nachbarschaft zu senken.

Bei genetisch veränderten Pflanzen, deren PIN1-Moleküle chemisch so umgestaltet wurden, dass sie kein Auxin mehr transportieren können, erzeugt dies eine ganz unregelmäßige Blattanordnung.

In ihrer Gesamtheit kontrollieren all diese hormonellen Regelkreise die Neuausbildung von Blättern und bestimmen die Stellen,

an denen das geschieht. Der Goldene Schnitt als Verschiebungs-
winkel von Blatt zu Blatt stellt sich ein, weil die Auxin-Konzentration, das filigrane Zusammenspiel von Erzeugung, Transport
und Zerfall dieses Hormons nicht nur die Platzierung des nächsten Blattes, sondern auch noch die des übernächsten Blattes be-
einflusst.

So viel mathematische und biologische Magie kann in einem so
einfachen Vorgang wie der Anordnung von Blättern um den
Pflanzenstängel stecken. Dass die Natur voller biologischer
Wunder steckt, wundert uns nicht. Faszinierend aber ist, dass sie
auch voller mathematischer Wunder steckt.

Natur ist eben rundum wundervoll.

Das Ein-Grad-Problem

Ein Grad. Um diesen Betrag ist die Temperatur in den letzten 100 Jahren angestiegen. Im Durchschnitt, weltweit. Das Pariser Abkommen, das die meisten Länder dieser Erde unterschrieben haben, fordert, eine Erwärmung um ein weiteres Grad zu vermeiden. Die Unterschriften sind getrocknet, aber alle Maßnahmen, um diesem Ziel nahe zu kommen, verlaufen im Sande. Warum ist es schwierig, die Gefahr einer weltweiten Erwärmung so zu kommunizieren, dass sie bei den Menschen mit der nötigen Dringlichkeit ankommt? Warum resultiert aus den vorliegenden wissenschaftlichen Fakten keine geballte, international koordinierte Aktion? Wo bleibt das Handeln, um die Welt für zukünftige Generationen lebenswert zu erhalten? Wir verstehen diese Untätigkeit nicht.

Auf einem Kongress zur Klimakommunikation in Karlsruhe im Jahre 2019 wurde wiederholt betont, dass wir positive Zukunftsbilder brauchen. Die Apokalypse an die Wand zu malen sei zu verschreckend. Selbst, wenn die Befürchtungen durchaus berechtigt wären. Die Leute würden sich in ihr Schneckenhaus zurückziehen und keinen Finger krumm machen. Nach dem Motto: »Es macht eh alles keinen Sinn mehr.« Das leuchtet ein. Genauso wie die Aussage, dass wissenschaftliche Fakten allein auch keine Wunder vollbringen könnten. Es liegen ja mehr als genug Beweise auf dem Tisch. Sehr klare, starke Beweise. Wo also ist das Problem?

Möglicherweise liegt es an diesem einen Grad – oder auch an zweien. Gehen Sie vor die Tür und versuchen, die Temperatur zu fühlen, landen Sie mit Ihren Schätzungen im Bereich von plus/minus zwei Grad Celsius rund um die tatsächliche Temperatur laut Thermometer. Die Erklärung dafür ist einfach. Unser Körper ist nicht dafür ausgelegt, die Temperatur genauer als nötig zu bestimmen. Wir besitzen keine sensiblen Fühler auf der Haut, mit denen wir die Temperatur auf ein Grad genau erspüren könnten. Der Gefrierpunkt von null Grad ist eine Ausnahme. Nicht, dass wir das besser fühlen würden, aber in der Natur vollziehen sich beim Übergang von Wasser zu Eis viele sichtbare Veränderungen. Wir finden deshalb genügend Anhaltspunkte für die Aussage vor, ob es knapp unter oder knapp über null Grad kalt ist. Schnee fängt an zu tauen. Der Nebel bildet Raureif an kleinsten Zweigen. Auf der Pfütze gibt es eine dünne Eisschicht. Der Gehweg wird zur Rutschbahn. Doch bei minus fünf oder plus fünf Grad hört dieses Feingefühl auf – und wir stochern wieder im Wissensnebel.

Ein Temperaturunterschied von einem Grad ist zu wenig, um ihn zu spüren. Mit diesem Wissen um unsere Unzulänglichkeit kann man den Menschen nur schwer glaubhaft vermitteln, dass eine Erwärmung um ein weiteres Grad gefährlich sein könnte. So gefährlich, dass wir unsere über Generationen aufgebaute Industriegesellschaft komplett umstellen müssen. Eine Industriegesellschaft, die seit 200 Jahren auf der Verbrennung von Kohle, Öl und Gas fußt. Die durch die Nutzung fossiler Brennstoffe zu Wohlstand gelangt ist. Wenn Sie nicht gerade mit Klimaaktivisten reden, werden Sie viele begleitende Geschichten erzählen müssen, um die Ein-Grad-Gefahr in verständlichen Bildern zu transportieren.

Wir verstehen diese Schwierigkeit. Wir verstehen, dass viele Menschen Angst davor haben, ihr Leben umzustellen. Davor, dass ihre Lebensleistung an Wert verliert, mit der sie sich ihren (auf fossilen Brennstoffen basierenden) Wohlstand erschaffen haben. Der Mensch ist ein Gewohnheitstier und fühlt sich in seiner kuscheligen Höhle wohl. Genau darin besteht das Problem. Wenn wir nichts unternehmen, wird die Höhle eines Tages nicht mehr kuschelig und vielleicht nicht einmal mehr bewohnbar sein.

Das Ein-Grad-Problem ist übrigens kein Problem mehr, wenn wir uns von dem weltweiten Klimamittelwert verabschieden. Dieser Mittelwert wird aus den Temperaturdaten der letzten 30 Jahre errechnet. Er ist zwar ein Ausdruck für den grundsätzlichen Zustand der Atmosphäre, aber in einem Mittelwert gehen viele wichtige Informationen über das Klima einzelner Orte verloren. Die globale Mitteltemperatur der Erde von rund 15 Grad Celsius lässt komplett außen vor, dass es Orte gibt, an denen es über 50 Grad heiß oder minus 90 Grad kalt werden kann. Dass es Orte gibt, an denen es so gut wie nie regnet, und Orte, an denen es im Laufe eines Jahres zwanzigmal so viel regnet wie in Berlin. Die extremen Ausreißer beim tagtäglichen Wetter werden gänzlich weggebügelt. Dabei werden wir alle den Klimawandel über das tagtägliche Wetter und seine extremen Ausreißer am eigenen Leib erfahren.

Da erleben wir heute schon große Überraschungen. Während nämlich die globale Mitteltemperatur von Jahrzehnt zu Jahrzehnt nur um Bruchteile eines Grades ansteigt, sind die Veränderungen in den lokalen Wetterereignissen enorm. Das ist schön an der Veränderung der Anzahl der Sommertage zu sehen, also der Tage mit einer Höchsttemperatur von mehr als 25 Grad Celsius. In den 1950er-Jahren wurden in Deutschland im Verlaufe eines Jahres im Mittel 25 solcher Tage gemessen. In den 2010er-Jahren sind wir im Durchschnitt bei 45 Sommertagen angekommen. Mit großen lokalen Unterschieden. So wurden im Südwesten Deutschlands im Extremsommer 2018 an vielen Orten mehr als 100 solcher Tage registriert.

An diesen Zahlen wird der wahre Charakter des Klimawandels sichtbar. Bei einer bisherigen Erwärmung von gerade einmal einem Grad erleben wir nahezu eine Verdopplung der Sommertage, mit starken lokalen Ausreißern in einzelnen Jahren. Wir beobachten ein Tempo der Eisschmelze des arktischen Meereises, das in seiner Vehemenz von keinem noch so pessimistischen Klimamodell berechnet wurde. Wir sehen eine Beschleunigung der Gletscherschmelze in den Gebirgen, auf Grönland und in der Antarktis sowie ein schnelles Ansteigen des Meeresspiegels. Außerdem können wir eine neue Qualität in der Zirkulation der Wettersysteme feststellen. Noch vor nicht allzu langer Zeit sah es so aus, dass wir in Mitteleuropa, zumindest in den nächsten Jahrzehnten, mit einem halbwegs blauen Auge davonkommen würden. Die Niederschläge bleiben gleichmäßig über das ganze Jahr verteilt, die Temperaturen im durchaus angenehmen Bereich – es wird halt nur ein bisschen wärmer. So die gängige Vermutung. Das Jahr 2018 belehrte uns eines Besseren. Bisher gingen Meteorologen davon aus, dass es sich bei einer »stabilen Hochdruckwetterlage« um ein Hoch mit einer Dauer von maximal sechs Wochen handelt. 2018 mussten sie jedoch feststellen, dass es auch bei uns eine dauerhafte Hochdruckwetterlage von sechs Monaten geben kann, von wenigen kurzen Unterbrechungen abgesehen. Was ist der Grund dafür? Eine Vermutung, die seit einigen Jahren in der Klimaszene diskutiert wird, scheint sich zu bewahrheiten. Der Jetstream, das Starkwindband in etwa zehn Kilometern Höhe, könnte schwächer werden.

Dieses Starkwindband resultiert aus den Temperaturunterschieden zwischen der Arktis und den Tropen. Je größer dieser Temperaturunterschied ist, desto stärker weht der Höhenwind, der entscheidend dafür verantwortlich ist, wie sich die Hochs und die Tiefs über der Erdoberfläche weiterbewegen. Man sagt auch, dass der Jetstream die Hochs und Tiefs am Boden »steuert«.

Nun hat sich in den letzten Jahrzehnten im Zuge des Klimawandels die Erde unterschiedlich stark erwärmt. In der Arktis deutlich stärker als in den Tropen, im Mittel etwa doppelt so stark. In einigen Regionen der Arktis fällt die Erwärmung noch heftiger aus. Auf der Inselgruppe Svalbard (Spitzbergen) ist es um etwa den Faktor 10 wärmer geworden als im Rest der Welt. Daraus resultiert ein geringerer Temperaturunterschied zwischen Nord und Süd, der in den nächsten Jahrzehnten weiter abnehmen wird. Mit der Folge, dass der Jetstream schwächer wird.

Ein sich abschwächender Jetstream verhält sich genauso wie ein großer Fluss, der aus dem Gebirge in die weiten Ebenen des Tieflandes strömt. Was passiert dort? Die Fließgeschwindigkeit nimmt ab, außerdem fängt der Fluss an zu mäandrieren. Er schlängelt sich in Wellen durch das flache Land, wobei sich die Anzahl und die Größe der Wellen ständig verändern. Einzelne Wellentäler können dabei lange Zeit bestehen bleiben.

Analog verhält es sich in der Atmosphäre. Dort beobachten Meteorologen in den letzten Jahren immer häufiger Wetterkonstellationen, bei denen sich bestimmte Wetterlagen länger halten oder aufgrund der längeren und/oder höheren Wellen kalte Luftmassen weit nach Süden oder warme Luftmassen weit nach Norden bis in die Nordpolarregion transportiert werden. In den letzten Jahren gab es wiederholt Beispiele von Tauwetter in unmittelbarer Nähe des Nordpols – mitten im Winter.

Das Pariser Klimaschutzabkommen möchte die Erwärmung auf maximal zwei Grad begrenzen, damit wir Menschen nicht auf deutlich stärkere Veränderungen und vor allem auf keine unumkehrbaren Kipppunkte zusteuern. Die Maßnahmen, die sich die Länder in ihren Selbstverpflichtungen zum Pariser Klimaabkommen gesetzt haben, werden allerdings zu einer Erwärmung um etwa drei Grad führen. Die Aktionen, die bisher geplant sind, reichen aber selbst dafür nicht aus und würden die Erwärmung weiter forcieren.

Die Folgen eines solchen Temperaturanstiegs wären deutlich ausgeprägter als alles, was wir heute bereits erleben und messen können. Bei nur einem Grad globaler Erwärmung.

Gedächtnisakrobatik

In diesem Stück soll es darum gehen, wie Sie sich als fulminanter Gedächtniskünstler präsentieren können, der über die fast fotografische Fähigkeit verfügt, sich mehrere Dutzend Details einfach so merken zu können. Oder wie sollte man es sonst nennen, wenn Sie sich die Karten eines Kartenspiels, aus dem zuvor eine unbekannte Karte entfernt wurde, einzeln und nacheinander kurz anschauen, um dann sofort zu sagen, welche Karte fehlt? Das geht eigentlich nur, wenn Sie alle gesehenen Karten einzeln Ihrem fotografischen Oberstübchen anvertraut haben und vor Ihrem geistigen Auge sehen, welche Karte nicht dabei ist.

So würde es natürlich funktionieren. Doch wer kann das schon, wer hat tatsächlich ein fotografisches Gedächtnis? Das sind nur wenige Menschen. Aber wie machen es Normalsterbliche?

Na ja, mit Mathematik geht es natürlich auch. Sehr überraschend, diese Behauptung, oder? Am Ende werden Sie uns vielleicht zustimmen, dass sich die Mathematik wieder einmal als mächtige »Kompetenzverstärkerin« entpuppt. Sie erlaubt es Ihnen, Dinge zu tun, die vielen Menschen ziemlich unwahrscheinlich erscheinen.

Machen wir uns also auf den Weg zu der besonderen Art von Mathematik, die Sie für dieses Gedächtniskunststück benötigen. Auch Sie werden sie bald beherrschen.

Wollen wir sie uns gemeinsam erarbeiten?

Am einfachsten funktioniert das Kunststück mit Uhren-Arithmetik. Das hört sich kompliziert an, meint jedoch nichts anderes als die einfachen Rechnungen, die jeder beherrscht, um eine Uhr abzulesen und mit Uhrzeiten umzugehen. Dass der Umgang mit Uhrzeiten speziell ist, merkt man daran, dass 17 Uhr plus zehn

Stunden nicht 27 Uhr ergibt. Sondern vielmehr 3 Uhr morgens am nächsten Tag.

Das liegt natürlich daran, dass es nach Überschreiten von 24 Uhr eine Stunde später nicht mit 25 Uhr weitergeht, sondern mit 1 Uhr. Im Grunde ist das eine Kuriosität. Doch wir haben uns daran gewöhnt, weil wir nie anders mit Uhrzeiten gerechnet haben.

Mathematisch bedeutet dieser Umgang mit Uhren und Uhrzeiten, dass von Zeiten größer als 24 Uhr einfach die Zahl 24 abgezogen wird. Wenn nötig, auch mehrmals. Jedenfalls so oft, bis wir bei einer Uhrzeit ankommen, die zwischen 0 und 24 liegt. Also 20 Uhr plus 14 Stunden plus 16 Stunden sind als Zwischenstufe 50 Uhr und dann nach Abzug von zweimal 24 Stunden 2 Uhr am übernächsten Tag. Dabei ist es für unsere weiteren Überlegungen völlig egal, welcher Tag das ist.

Die Mathematiker haben dafür einen besonderen Begriff eingeführt, um diesen Typ von Rechnung aufzuschreiben. Das ist das Wort *modulo,* was vom lateinischen *modulus* kommt und so viel bedeutet wie kleines Maß. Da auch die 24 hier eine Rolle spielt, wird die obige Rechnung mathematisch vollständig so aufgeschrieben:

$$20 + 14 + 16 \text{ modulo } 24 = 50 \text{ modulo } 24 = 2$$

Mathematisch gleichbedeutend mit unserer obigen Überlegung lässt sich das auch so ausdrücken, dass 2 der Rest ist, der bei Division von 50 durch 24 bleibt.

Diese Art zu rechnen ist die sogenannte Modulare Arithmetik, die wir, um das sperrige Wort zu vermeiden, Uhren-Arithmetik nennen wollen. Diese Arithmetik lässt sich natürlich auch mit einer anderen Zahl als der 24 betreiben. Eigentlich mit jeder Zahl. Zum Beispiel ist

$$19 \text{ modulo } 4 = 3$$

oder

176 modulo 11 = 0

Die letzte Gleichung sagt nichts anderes, als dass 176 ohne Rest durch 11 teilbar ist, denn offensichtlich gilt 176 = 11 x 16. Das wiederum bedeutet, dass bei 16-maligem Abziehen der Zahl 11 von 176 nichts mehr übrig bleibt, wir also bei der 0 ankommen. Immer wenn eine Zahl modulo eine andere Zahl gleich 0 ist, wissen wir sofort, dass die erste Zahl restlos durch die andere Zahl teilbar ist.

Nach diesem kleinen Vorspiel bewegen wir uns einen Schritt weiter in Richtung fotografisches Gedächtnis. Unser Kunststück hat nämlich etwas mit der Zahl 176 zu tun, von der wir uns eben überzeugt haben, dass die Zahl 11 ohne Rest darin aufgeht.

Unser Kunststück wird mit einem ganz normalen Kartenspiel mit 32 Karten durchgeführt. Mit einem 32er-Blatt, wie es zum Beispiel beim Skat und vielen anderen Kartenspielen verwendet wird. Sie als der Hauptakteur dieses Tricks überreichen das 32er-Blatt einem Zuschauer, lassen ihn beliebig mischen und dann irgendeine Karte beiseitelegen. Sie wissen natürlich nicht, um welche Karte es sich handelt.

Dann legt der Zuschauer das Kartendeck der verbleibenden 31 Karten vor Ihnen auf den Tisch, mit der Farbe nach unten. Sie drehen nun eine Karte nach der anderen um, sehen sie kurz an und legen sie wieder verdeckt auf den Tisch. Das machen Sie mit allen 31 Karten. Wenn Sie fertig sind, haben Sie alle Karten kurz gesehen. Die Karten liegen wieder verdeckt vor Ihnen.

Vielleicht schaut der Zuschauer Sie fragend an. Vielleicht haben Sie den Ehrgeiz, ihn nicht zu enttäuschen. Am liebsten würden Sie sofort damit herausplatzen, welche Karte nicht mit dabei war. Das können Sie tatsächlich!

Doch jetzt haben wir Sie genug auf die Folter gespannt. Auch in Bezug darauf, was das Ganze mit Uhren-Arithmetik zu tun hat. Hier kommt die Auflösung.

Um die Karte zu identifizieren, müssen Sie einerseits ermitteln, welchen Wert, und andererseits, welche Farbe die Karte hat. Als Wert kommen 7, 8, 9, 10, Bube, Dame, König und Ass infrage, als Farbe Kreuz, Pik, Herz und Karo.

Fangen wir beim Wert an. Wenn Sie die Karten nacheinander anschauen, machen Sie bei jeder Karte eine kleine Kopfrechnung. Die basiert darauf, dass sich die Werte aller 32 Karten zu 176 addieren. Dabei werden ein Ass mit 1, Bube, Dame, König als 2, 3, 4 und die Karten mit Zahlen entsprechend ihrem Zahlenwert gewertet.

Demnach haben wir von jeder der vier Farben die Werte

$$1 + 2 + 3 + 4 + 7 + 8 + 9 + 10 = 44$$

Der Gesamtwert aller 32 Karten des Spiels ist

$$4 \times 44 = 176$$

Diese Zahl ist, wie wir gesehen haben, durch 11 teilbar.

Was das in Bezug auf unser Kartenspiel bedeutet, ist einfach zu formulieren. Bei Addition der Werte aller 32 Karten modulo 11 kommt am Ende 0 heraus.

Addieren Sie dagegen nur die Werte der 31 Karten, die vor Ihnen liegen, also alle Werte außer der Karte, die Ihr Zuschauer dem Spiel entnommen hat, dann wird sich eine Zahl zwischen 1 und 10 ergeben. Mit dieser Zahl lässt sich ganz leicht ermitteln, welcher Wert fehlt, um auf 0 modulo 11 zu kommen. Man muss nämlich nur schnell ausrechnen, wie viel bis 11 fehlt. Wenn wir durch die Modulo-Addition der 31 Karten etwa auf die Zahl 1 kommen, dann ist die fehlende Karte eine 10. Kommen wir dagegen auf eine 9, dann fehlt eine 2, also ein Bube usw.

Wenn Sie den Trick durchführen, können Sie die Uhren-Arithmetik modulo 11 schrittweise durchführen. Angenommen, die ersten sechs Karten, die Sie inspizieren, sind

Bube, 10, 7, Ass, König, 9

Dann geht Ihre modulo-11-Rechnung so:

2 (wegen der Wertung des Buben als 2)
1 (weil 2 + 10 = 12 ist, was größer als 11 ist und
nach Abzug von 11 noch 1 übrig lässt)
8 (weil 1 + 7 = 8 ergibt und diese Zahl kleiner als 11 ist)
9 (weil ein Ass den Wert 1 hat und 8 + 1 = 9 ist)
2 (weil ein König als 4 gezählt wird und 9 + 4 = 13 ist,
was nach Abzug von 11 noch 2 übrig lässt)
0 (weil 2 + 9 = 11 ergibt, was zu 0 modulo 11 führt)

Machen Sie so weiter, bis Sie mit allen 31 Karten durch sind.
Dann kennen Sie den Wert der gesuchten Karte und haben die
Hälfte des Problems gelöst. Wenn Sie nur ein halbwegs ambitio-
nierter Gedächtnisakrobat sind, könnten Sie es dabei belassen
und dem Publikum nur den Wert der Karte mitteilen. Doch die
Zuschauer werden sich dann natürlich fragen, warum Sie ihnen
nicht auch die Farbe der Karte verraten, wenn Sie schon ein so
tolles Gedächtnis haben.

Es macht auf jeden Fall mehr Eindruck, wenn Sie keine halben
Sachen machen. Also ziehen wir die Sache vollständig durch.
Die Farbe der Karte muss auch her.

Eine Möglichkeit besteht darin, die Farben Kreuz, Pik, Herz,
Karo mit den Zahlen 1, 2, 3, 4 zu belegen. Deren Summe ist 10.
Damit wird eine modulo-10-Rechnung durchgeführt. Wenn
nach 31 Karten eine der Zahlen 6, 7, 8, 9 herauskommt, hat die
gesuchte Karte die Farbe Karo, Herz, Pik, Kreuz. Denn genau
dieser Wert fehlt dann, um auf 10 zu kommen, wie es für alle 32
Karten sein muss.

Das ist alles machbar, hat jedoch den Nachteil, dass Sie beim Anschauen der 31 Karten zwei verschiedene Modulo-Rechnungen
parallel durchführen müssen, eine für den Wert und eine für die

Farbe der Karte. Wenn Sie sich das zutrauen, ohne durcheinanderzukommen, sind wir jetzt fertig. Dann entlassen wir Sie mit diesem feinen Kunststück in die Welt, wo Sie Ihre mentale Kunstfertigkeit vor jedem Publikum zur Schau stellen können.

Wenn Sie allerdings sagen: »Hm, gibt's denn da vielleicht noch eine einfachere Masche, um die Farbe der fehlenden Karte rauszukriegen?«, dann haben wir eine gute Nachricht für Sie. Denn die gibt es tatsächlich.

Wenn der Kopf damit beschäftigt ist, die Modulo-11-Rechnung mit den Kartenwerten durchzuführen, wollen wir ihn nicht auch noch mit den Farben belasten. Die Farbe der fehlenden Karte lässt sich mit anderen Körperteilen ermitteln. Mit Ihren Füßen.

Seien Sie unbesorgt, es geht nicht darum, mit den Füßen wild rumzurechnen. Sondern nur darum, etwas zu tänzeln. Unbemerkt. Also zum Beispiel unter dem Tisch, an dem Sie sitzen und Ihre Fähigkeiten vorführen.

Streng genommen brauchen Sie dafür nicht Ihre ganzen Füße, sondern nur die Fersen. Die lassen Sie entweder flach auf dem Boden ruhen oder heben sie ein klein wenig an. Nur gerade so viel, dass Sie selbst wissen, dass die linke oder die rechte oder beide angehoben sind. Und so sieht die Technik oder die Choreografie aus, mit der Sie diesen heimlichen Fersentanz tänzerisch umsetzen: Bevor Sie die erste Karte anschauen, stehen beide Fersen flach auf dem Boden. Immer, wenn Sie eine Kreuz-Karte sehen, ändern Sie die Stellung der linken Ferse. Ist sie auf dem Boden, dann wird sie leicht angehoben. Ist sie angehoben, wird sie auf den Boden gesenkt.

Bei einer Pik-Karte machen Sie genau dasselbe, aber mit der rechten Ferse. Ist sie oben, wird sie gesenkt. Ist sie unten, wird sie angehoben.

Bei einer Herz-Karte müssen Sie die Stellung beider Fersen ändern. Sind die beide auf dem Boden, gehen sie beide in die Höhe. Ist die linke unten und die rechte oben, dann ist es nach einer Herz-Karte genau umgekehrt.

Und was ist bei einer Karo-Karte? Die ist am erfreulichsten. Denn dann ändern Sie an Ihrer Fersenstellung gar nichts.

So weit, so gut.

Jetzt ist noch zu überlegen, was passiert, wenn Sie mit diesem Rezept für den Fersentanz alle 32 Karten abtanzen? Das ganze Deck enthält von jeder Farbe acht Karten. Wenn wir anfangs beide Fersen auf dem Boden haben, dann befinden sie sich wieder auf dem Boden, wenn alle 32 Karten durchlaufen sind. Doch Sie sehen nur 31 Karten. Die Fersenstellung danach verrät Ihnen, welche Farbe die gesuchte Karte hat. Sie müssen nur nachdenken, wie Sie beide Fersen bewegen müssten, damit die wieder auf dem Boden stehen. Diese Bewegung können Sie in die Farbe der Karte übersetzen.

Stehen am Ende beide Fersen oben, müssen sie beide nach unten. Das geht mit einer Herz-Karte. Die fehlende Karte hat demnach die Farbe Herz. Sind beide Fersen unten, muss gar nichts gemacht werden, und die fehlende Karte ist eine Karo-Karte. Ist die linke Ferse oben und die rechte unten, bringt eine Kreuz-Karte alles wieder in den Anfangszustand. Bei umgekehrter Stellung ist es Pik.

Haben Sie das ein- oder zweimal geübt, geht Ihnen die Mathematik der Fersen genauso in Fleisch und Blut über wie die Modulo-11-Rechnung im Kopf.

Und Sie haben ein schönes neues Kunststück im Köcher.

Krank oder gesund?

Dies dürfte eine der häufigsten Fragen sein, die Menschen umtreibt. Bei der Frage nach den wichtigsten Punkten im Leben steht die Gesundheit meistens ganz oben auf der Liste.

Doch was kann die Mathematik, was können ein Mathe-Professor und ein Meteorologe zu dem Thema beisteuern? Um es vorweg zu sagen: Wir haben nicht mehr und nicht weniger Ahnung von der Medizin als die meisten anderen Nichtmediziner auch. Trotzdem wollen wir diese Frage mathematisch beleuchten, denn mithilfe der Statistik lassen sich spannende Aussagen treffen.

Nehmen wir als Beispiel das Brustkrebs-Screening, die Mammografie. Acht von 1000 Frauen bekommen irgendwann in ihrem Leben Brustkrebs. Bei 50-jährigen Frauen ist er sogar die häufigste Todesursache.

Gehen wir einmal davon aus, dass sich in einer Stichprobe 1000 Frauen einer Mammografie unterziehen würden. Die Fehlerquote bei der Diagnose Brustkrebs beträgt zehn Prozent. Also von 100 Frauen, die Brustkrebs haben, erkennt das Screening das bei 90 Frauen. Die Fehlerquote bei gesunden Frauen liegt dagegen bei etwa sieben Prozent. Also sieben von 100 Frauen bekommen einen positiven Bescheid für eine Krebserkrankung, obwohl sie gesund sind. Das ist die sogenannte Falsch-Positiv-Rate.

Oft wird argumentiert, dass bei dieser Fehlerquote eine Frau von zehn kranken Frauen nicht erkannt und umgekehrt ungefähr eine von 14 gesunden Frauen falsch als krank eingestuft wird. Über diese Aussage würde niemand stolpern. Wenn wir diese Zahlen auf unsere Stichprobe anwenden, ergibt sich allerdings ein deutlich differenzierteres Bild.

Von 1000 Frauen bekommen in Deutschland durchschnittlich

acht tatsächlich Brustkrebs, 992 bleiben gesund. Mit der Zehn-Prozent-Fehlerquote bekommen von den acht kranken Frauen sieben nach der Mammografie ein positives Ergebnis. Mit der Sieben-Prozent-Fehlerrate werden bei den gesunden Frauen ungefähr 70 positiv getestet, obwohl sie gesund sind. Zusammengenommen wurde mithilfe des Screenings bei 77 Frauen Brustkrebs festgestellt. Dabei sind davon nur sieben wirklich erkrankt. Anders ausgedrückt: Nur eine von elf Frauen mit einem positiven Mammogramm hat tatsächlich Brustkrebs.

Das heißt für Frauen, die ein positives Screening-Ergebnis bekommen, dass zunächst kein Grund zur Panik besteht. Stattdessen müssen weitere Untersuchungen durchgeführt werden, um im Ausschlussverfahren die Krebsdiagnose einkreisen zu können. Es sind viele weitere Untersuchungen nötig, bevor zu invasiven Maßnahmen geraten wird. Die meisten der positiven Screening-Befunde lösen sich dabei in Luft auf.

Dieses Beispiel zeigt, dass positive Ergebnisse nicht sehr aussagekräftig, negative Ergebnisse hingegen durchaus belastbar sind. Denn wenn das Mammogramm negativ ausfällt, also kein Brustkrebs diagnostiziert wird, können die Frauen ziemlich sicher sein, dass sie gesund sind.

Sollten wir die Tests sein lassen? Nein, denn es sind Suchtests, die darauf ausgelegt sind, Krankheiten zu finden, und dabei etwas über das Ziel hinausschießen.

Das Wissen um den mathematischen Hintergrund einer solchen Untersuchung und das Wissen über den Umgang mit statistischen Aussagen kann beim Umgang mit solchen Daten sehr hilfreich sein. Wir mischen uns bewusst nicht in die Diskussion um die Vorsorge ein, um das Für und Wider speziell bei der Mammografie. Wir Autoren sind jedoch persönlich von den Vorteilen einer umfassenden Gesundheitsvorsorge überzeugt.

Der Zauber des Papiers

Papier ist nicht einfach nur Papier. Es ist ein tolles Medium. Es bietet sich dazu an, beschriftet zu werden und Gedanken festzuhalten. Und wenn es beschriftet ist, gelesen zu werden.

Papierherstellung gibt es in Deutschland seit 1228. Damals wurden Papierbögen in zahllosen Größen aus zerkleinerten Pflanzenfasern (Hanf, Flachs u. Ä.) hergestellt. Jede Schöpferwerkstatt verwendete ihre eigenen Rahmen. Und jeder Rahmen schuf seine eigenen Rahmenbedingungen, sprich: führte zu einem eigenen Format.

Das war der Mutterbogen, von dem aus andere Größen durch Falten entstanden. Wurde ein solcher Bogen einmal gefaltet, erhielt man das Folio-Format und vier gleich große, beschreibbare Seiten. Wurde ein Bogen zweimal halbiert, erhielt man vier Blätter und das Quart-Format. Bei einer weiteren Halbierung entstanden acht Blätter und das Oktav-Format. Alle genannten Formate waren immer werkstattabhängig. Eine Norm gab es nicht, jedenfalls nicht zu Anfang. Jeder Hersteller machte sein eigenes Ding.

Den ersten Versuch, eine Vereinheitlichung vorzunehmen und Ordnung in die chaotische Vielfalt der Größen zu bringen, gab es 1389 in Italien. Es war die Bologner Formatordnung für Papier, das *Statuti del Popolo*. Damals wurden mehr oder weniger zufällig vier gängige Formate aus der unübersehbaren Masse herausgegriffen. Ihre Größe wurde in Marmor graviert. Letztlich konnten sich die vier Formate aber nicht durchsetzen, und es gab nach wie vor die verschiedensten Abmessungen in Italien und erst recht in anderen Ländern.

Den Rechenmeistern der damaligen Zeit war zwar schon bekannt, welche Abmessungen ein Papierbogen haben musste, damit man bei Hälftelung der Langseite oder Verdopplung der Kurzseite wieder einen Bogen mit demselben Verhältnis der Seiten bekommt. Doch das war kein Gesichtspunkt bei der Bologner Festlegung der vier Formate. Obwohl eine solche Abstimmung von Lang- und Kurzseite besonders effizient und papiersparend gewesen wäre. Damals waren diese Vorteile der gleichbleibenden Seitenverhältnisse aber noch nicht bekannt.

Erst 400 Jahre später wurde dieser Gedanke wieder aufgenommen. Der Göttinger Physiker, Mathematiker und Philosoph Georg Christoph Lichtenberg (1742–1799) beschäftigte sich mit diesem Thema. In einem seiner Sudelbücher spricht er von dem Wunsch, die Papierformate wären so aufeinander abgestimmt, dass sich »sowohl beim Halbieren entlang der langen Seite als auch beim Verdoppeln entlang der kurzen Seite immer geometrisch ähnliche Bögen ergeben mögen«. Mit geometrischer Ähnlichkeit meinte er, dass alle dasselbe Verhältnis von Höhe zu Breite haben sollten.

In einem Brief vom 22.10.1786 an seinen Kollegen, den Philosophen und Ökonomen Johann Beckmann, schreibt Lichtenberg: »Können mir Ehrwürdiger Wohlgeboren wohl nicht sagen, wo die Formen unserer Papierformate gemacht werden? Ich gab einmal einem jungen Engländer, den ich in Algebra unterrichtete, die Aufgabe, einen Bogen Papier zu finden, bei dem alle Formate als forma patens, folio, quatro, oktav, sedez einander ähnlich wären. ... Die kleine Seite des Rechtecks muss sich zu der großen verhalten wie $1 : \sqrt{2}$ oder wie die Seite des Quadrats zu seiner Diagonalen. Die Form hat etwas Angenehmes und Vorzügliches vor der gewöhnlichen. Sind den Papier = Formenmachern wohl Regeln vorgeschrieben, oder ist diese Form durch Tradition nur ausgebreitet worden? Und wo stammt diese Form, die wohl nicht durch Zufall entstanden ist, her?«

Beschäftigen wir uns etwas mit dem von Lichtenberg angesprochenen Formatprinzip. Bezeichnen wir a als die kürzere Seite eines Bogens und b als die längere. Wird nun die längere Seite halbiert, wird sie zu *b/2*. Damit nach der Halbierung dasselbe Verhältnis von langer zu kurzer Seite bestehen bleibt, muss

$$b/a = a/(b/2)$$

sein. Das führt nach Umstellen auf

$$b^2 = 2a^2$$

und nach beidseitigem Wurzelziehen zu

$$b = a \times \sqrt{2}$$

Dieses Verhältnis der Seiten zueinander hatte Lichtenberg in seinem Brief angesprochen. Die längere Seite ist um den Faktor $\sqrt{2} = 1{,}4142\ldots$ länger als die kürzere. Das ist auch genau der Faktor, um den die Diagonale eines Quadrats länger ist als jede seiner Seiten.

Schauen wir noch, ob dieses Verhältnis auch durch Verdopplung der kürzeren Seite gewahrt bleibt. Die kürzere Seite war *a* und wird durch Verdopplung zu *2a*. Damit ist sie im Vergleich mit der Seite *b* nun die längere. Somit ist das Verhältnis von längerer zu kürzerer Seite der Quotient *2a/b*. Und da

$$b = a \times \sqrt{2}$$

ist, wie wir eben berechnet haben, ist

$$2a/b = 2a/(a \times \sqrt{2}) = \sqrt{2}$$

Super! Egal, ob wir die längere Seite halbieren oder die kürzere Seite verdoppeln, stets ist die längere Seite $\sqrt{2}$ Mal länger. Es ist übrigens das einzige Seitenverhältnis, bei dem das der Fall ist. Insofern hat es ein Alleinstellungsmerkmal für Effektivität.

Zwar mag es Seitenverhältnisse geben, die ästhetisch noch ansprechender sind, etwa den Goldenen Schnitt mit 1:1,618... oder die mittelalterliche Idealproportion 2:3, doch besitzt keines dieser Formate die genannte Effektivitätseigenschaft. Und die ist aus praktischen Gründen ausgesprochen wichtig. Sie verhindert nämlich, dass beim Zuschneiden großer Bögen in kleinere Größen ein Verschnitt entsteht. Lichtenberg hat sich also schon um 1786 Gedanken über das optimale und sparsame Zuschneiden von Papier gemacht, denn Papier war sehr teuer.

Im darauffolgenden Jahr tauchte die Frage nach dem optimalen Papierformat sogar in einer Göttinger Doktorprüfung auf. Und zwar im Jahr 1787 bei der von Dorothea Schlözer. Sie konnte die Frage beantworten. Gestellt wurde sie von dem Mathematik-Professor Abraham Gotthelf Kästner. Die Promotion fand am 50. Jahrestag der Gründung der Universität Göttingen statt. Dorothea Schlözer war gerade einmal 17 Jahre alt und beherrschte bereits zehn Sprachen. Die mündliche Prüfung erfolgte durch acht Professoren und dauerte knapp vier Stunden. Sie beinhaltete neben Mathematik die Gebiete Baukunst, Bergbau und Literatur. Dorothea Schlözer war damals erst die zweite Frau in Deutschland, die promovierte.

Und nachdem sie 1792 den Reichsfreiherrn Mattheus Rodde geheiratet hatte, nannte sie sich Dorothea Rodde-Schlözer und unterschrieb auch so. Insofern kann sie als Erfinderin des Doppelnamens in Deutschland gelten. Sie unterhielt einen Salon und wurde eine der fünf sogenannten Universitätsmamsellen. Um 1800 war das eine Gruppe von Töchtern Göttinger Universitätsprofessoren, die sich akademisch betätigten und die miteinander und mit vielen wichtigen Personen des deutschen Geisteslebens in Kontakt standen.

Von Lichtenbergs $\sqrt{2}$-Erkenntnis zum optimalen Seitenverhältnis bei Papier wurde über Göttingen hinaus jedoch vorerst nur wenig Notiz genommen. Schon gar nicht wurde sie umgesetzt. Noch um 1900 waren in Deutschland ungefähr 100 verschiedene Formate in Gebrauch, in allen möglichen Größen und Bezeichnungen. Nur die Formate Super Regal (68,8 cm x 48,7 cm) und Pandekten (37,1 cm x 26,4 cm) kamen dem optimalen Verhältnis von 1: $\sqrt{2}$ nahe, das keinen Verschnitt verursacht.

Andere Formate waren Kanzlei, Imperial, Super-Royal, Propatria und Bischof. Der Nachteil: Viele Formate passten nicht in die Umschläge, die man gerade zur Verfügung hatte. Deshalb musste oft zugeschnitten werden. Auf diese Weise landete, im wahrsten Sinne des Wortes, im Schnitt rund ein Zehntel der gesamten Papierproduktion im Abfall. Ein unhaltbarer Zustand. Gleichzeitig wurde zu dieser Zeit der Druck zur Vereinfachung und Vereinheitlichung ständig größer, auch international. Denn um 1900 intensivierten sich die weltweiten Handels- und Kommunikationsbeziehungen.

Einen Innovationsschub gab es kurze Zeit später durch den Chemie-Nobelpreisträger Wilhelm Ostwald von der Universität Leipzig. Der hatte nach dem Nobelpreis Universitätslaufbahn und Forschung aufgegeben und widmete sich fortan nur noch Projekten mit größtmöglicher Reichweite. »Weltprojekte« nannte er sie. Er beschäftigte sich mit Organisation, Sprache und eben auch mit dem Format von Drucksachen. Seine Schriften aus jener Zeit tragen Titel wie »Die Organisation der Welt« (1910), »Die Weltsprache« (1912) und – was ihn für unser Thema interessant macht: »Ein Weltformat für Drucksachen«. Dieser Aufsatz wurde 1911 im Börsenblatt für Buchhändler veröffentlicht. Darin griff er das von Lichtenberg als optimal erkannte Verhältnis von 1: $\sqrt{2}$ auf und schrieb es für alle Formate seiner Schriftenreihe vor. Alle Formate sollten durch Halbierung bzw. Verdopplung ineinander übergehen, und die Seitenlängen sollten sich immer um den Faktor $\sqrt{2}$ unterscheiden. Ostwald setzte als Anfangsformat das Weltformat I als kleinstes mit 1:1,41 cm fest. Danach kam Weltformat II mit 1,41:2 cm und Weltformat III mit 2:2,83 cm.

An sich eine sehr gute Idee. Doch es gab ein Problem mit Ostwalds Weltformaten. Das in seiner Serie als gebräuchlichstes vorgesehene Weltformat X (22,6 cm x 32,0 cm) passte nicht in die damals zu Hunderttausenden in Amtszimmern stehenden Aktenordner. Die hatten das traditionelle Folio-Format (21,0 cm x 33,0 cm). Weltformat X war zu breit. Deshalb war der ganzen Serie kein großer Erfolg beschieden.

Doch die eingeschlagene Richtung stimmte. Nur ein kleiner Schritt fehlte zum Ziel. Den machte am Ende Ostwalds Assistent Dr. Walter Postmann (1886–1959).

Postmann wurde im 1. Weltkrieg als Meteorologe eingesetzt und hatte mit einer Vielzahl von Dokumenten in den aberwitzigsten Größen zu tun. Der zusätzliche Papierkrieg erschwerte das Abheften und die Übersicht enorm. Auch Militär, Industrie und Wissenschaft forderten dringend einheitliche Formate, um den Austausch von technischen Zeichnungen und wissenschaftlichen Abhandlungen zu vereinfachen.

Im Jahr 1918 schrieb Postmann seine Doktorarbeit zum Thema *Untersuchungen über Aufbau und Zusammenschluss der Maßsysteme*. Darin griff er den Ansatz von Ostwald auf, beseitigte aber die Schwachstelle der Weltformate, indem er deren Proportionenprinzip mit einem metrischen Format verband. Er legte nämlich die Größe des Ausgangsbogens so fest, dass er eine Fläche von einem Quadratmeter haben sollte. Dabei hatte Postmann bereits ökologische Gesichtspunkte im Blick, denn er schrieb, dass der von ihm gemachte Vorschlag eine »Schonung der Wälder« bedeuten würde.

Das Deutsche Institut für Normung (DIN) übernahm Postmanns Vorschlag am 18. August 1922 in der DIN 476 mit dem Ziel der »Vereinheitlichung der Werte für Höhe und Breite von Papierformaten«. Diese DIN-Norm wurde von Walter Postmann maßgeblich mitformuliert: »Jedes Blatt der Größe An (wobei n = 0, 1, 2, … eine ganze Zahl ist) hat Höhe und Breite im Verhältnis $\sqrt{2}$ und die Fläche 2^{-n} Quadratmeter.«

Somit besaß das Blatt DIN A0 die Fläche 1 Quadratmeter, und

das Proportionenprinzip fixierte die Abmessungen auf 84,1 cm x 118,9 cm. Davon ausgehend wurden auch die restlichen Größen verbindlich festgelegt.

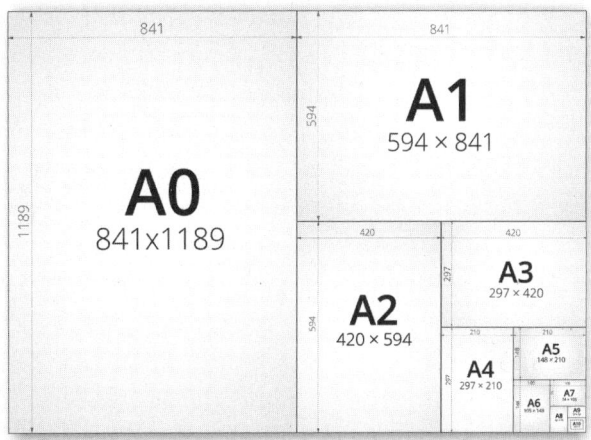

Die deutsche DIN-Normierung setzte sich in der internationalen Version EN ISO 216 fast weltweit durch. Das Format A4 mit den Maßen 21,0 cm x 29,7 cm ist heute die meistbenutzte Papiergröße der Welt.

Ausnahmen sind die USA und Kanada, wo noch heute mit weniger effizienten Abmessungen hantiert wird. Eine von der kanadischen Regierung in Auftrag gegebene Untersuchung ergab, dass dort amtliche Formulare in rund 200 verschiedenen Formaten vorliegen, was die Produktion von 70 verschiedenen Umschlagsgrößen erforderlich macht. Eigentlich ein Grund, Abhilfe zu schaffen, oder?

Um ein Haar wäre also der Chemie-Nobelpreisträger Wilhelm Ostwald der Erfinder der Blattgröße A4 gewesen. Immerhin wurde seine Vorarbeit gewürdigt und sein Name im Ostwaldschen Rechteck verewigt. Das ist ein Rechteck, dessen Seitenlängen im Verhältnis $\sqrt{2}$ zueinander stehen.

Haben Sie zum Abschluss noch Lust auf ein kleines Experiment?

Wie lässt sich allein durch Falten nachprüfen, ob ein Blatt Papier ein Ostwald'sches Rechteck ist?

Das ist möglich angesichts der Tatsache, dass in jedem Quadrat die Diagonale $\sqrt{2}$ Mal so lang ist wie jede Seite. Nehmen wir ein Rechteck ABCD im Hochformat, wobei die untere, linke Ecke mit A und die anderen Ecken im Gegenuhrzeigersinn mit B, C und D beschriftet werden. Für unseren Test falten Sie die Ecke B auf die Seite AD, und zwar so, dass die Faltung durch die Ecke A geht. Diese Faltlinie schneidet die Seite BC, und wir nennen den Schnittpunkt E. Nun bitte diese Faltung wieder rückgängig machen.

Die Strecke AE ist Diagonale eines Quadrats, dessen eine Seite die Strecke AB ist. Jetzt falten Sie die Ecke D auf den Punkt E und drücken fest auf die Faltlinie, sodass eine scharfe Faltlinie entsteht. Wenn diese scharfe Faltlinie durch den Eckpunkt A geht – und nur dann –, handelt es sich bei dem Rechteck ABCD um ein Ostwald'sches Rechteck.

Auch ein DIN-A4-Blatt ist so ein Ostwald'sches Rechteck, das meistbenutzte Ostwald'sche Rechteck der Welt. Dieses Rechteck begleitet uns unser ganzes Leben, seit unserer Geburt, die mit an Sicherheit grenzender Wahrscheinlichkeit auch bei Ihnen durch eine Geburtsurkunde dieses Formats amtlich wurde. Und eines Tages wird ein Blatt Papier in Größe eines Ostwald'schen Rechtecks unser Ableben dokumentieren.

Kopfrechnen leicht gemacht

Drei mal sieben ist einundzwanzig. Sieben mal acht ist sechsundfünfzig. Zwei Beispiele aus dem sogenannten Kleinen Einmaleins, also der Multiplikation der einstelligen natürlichen Zahlen untereinander, von eins mal eins bis neun mal neun. Eigentlich lernen wir diese arithmetischen Grundlagen alle in der Grundschule – egal, in welchem Bundesland. Dennoch mühen sich viele damit ab. Vor allem, wenn es um die etwas größeren Zahlen Sechs, Sieben, Acht oder Neun geht. Dabei reden wir hier über die Grundlagen der ganzen Rechnerei, die mindestens seit der Zeit des griechischen Mathematikers und Philosophen Pythagoras bekannt sind.

Aber wir wollen jetzt sogar einen Schritt weitergehen. Nicht zum Großen Einmaleins, der Multiplikation im Zahlenraum bis 20, sondern darüber hinaus.

Nehmen wir beispielsweise das Produkt von 21 mal 32 und rechnen es im Kopf aus. Ja, im Kopf, ohne Taschenrechner. Geht nicht? Oh doch, und zwar schneller, als Sie glauben! Wir müssen nur eine neue Technik anwenden.

Eine Rechentechnik, die erst wenige Jahrzehnte alt ist – zumindest ist sie erst seit Mitte des letzten Jahrhunderts richtig bekannt geworden. Der Trick, den wir Ihnen gleich näherbringen, geht auf Jakow Trachtenberg (1888–1953) zurück, der vor den Nazis fliehen musste, gefangen genommen und mehrere Jahre inhaftiert wurde. Um sich während der Haft zu beschäftigen, hielt er sich geistig fit und trainierte sich im mentalen Jonglieren und Memorieren. So entwickelte er über mehrere Jahre hinweg ein ganzes System von arithmetischen Hilfsrechnungen und Tricks, die er nach dem Zweiten Weltkrieg niederschrieb und veröffentlichte.

Fangen wir also an und schreiben zunächst die Zahlen untereinander:

$$21$$

$$32$$

Die Einerstelle des gesuchten Ergebnisses, also des Produktes, erhalten wir durch die Multiplikation der Einerstellen (also 1 und 2).

Neue Einerstelle 1 x 2 = 2

Das ist der erste »vertikale« Schritt.
Für die Stelle links davon, also die Zehnerstelle des Ergebnisses, multiplizieren wir »kreuzweise« die Einer- und Zehnerstellen und addieren die Zwischenergebnisse.

Erstes Kreuz 2 x 2 = 4
Zweites Kreuz 3 x 1 = 3
Summe 4 + 3 = 7

Als Letztes werden die Zehnerstellen (2 und 3) miteinander multipliziert: 2 x 3 = 6. Das ist der zweite »vertikale« Schritt, und daraus folgt unsere Hunderterstelle.
Das Endergebnis lautet also:

21 x 32 = 672

Verblüfft? Zweifel? Wir versichern Ihnen, dass diese Methode immer funktioniert, allerdings müssen wir bei größeren Ziffern den Übertrag beachten. Es kann sein, dass bei der ersten »vertikalen« Berechnung eine größere, zweistellige Zahl entsteht. Dann wird die Einerstelle zur Lösungsziffer und die Zehnerstelle als Übertrag beim nächsten Schritt zur neuen Zehnerstelle hinzuaddiert.
Haben Sie Papier und Bleistift parat?

Dann ein Beispiel:

38 x 42

Also schreiben wir untereinander

38
42
1. Vertikal 8 x 2 = 16
Lösungsziffer 6, Übertrag 1
2. Kreuzweise Multiplikation und Addition
3 x 2 = 6
4 x 8 = 32
Summe 6 + 32 = 38 + Übertrag 1 = 39
Lösungsziffer 9, Übertrag 3
3. Vertikal 3 x 4 = 12 + Übertrag 3 = 15
Ergebnis 38 x 42 = 1596

Fertig. Das Einzige, was Sie sich merken müssen, ist die Reihenfolge vertikal – kreuzweise – vertikal. Viel Spaß beim Kopfrechnen!

Der Teiler-Vorteil

Platon (ca. 427–347 v. Chr.) war ein griechischer Philosoph, einer der bedeutendsten Philosophen des Altertums überhaupt. Er war ein Schüler von Sokrates. Doch im Unterschied zu diesem schrieb er sehr viele seiner Ideen auf, meist in Form von Dialogen.

Platon hatte eine besondere Neigung zur Mathematik. Um 388 unternahm er sogar eine ausgedehnte Bildungsreise nach Unteritalien, um die Mathematiker- und Philosophengemeinschaft der Pythagoreer zu besuchen. Pythagoras und seine Schüler waren um 530 v. Chr. dorthin ausgewandert. Zu Platons Zeiten bestand ihre Schule noch. Das Denken der Pythagoreer hatte eine nachhaltige Wirkung auf Platon. Manche ihrer Gedanken fanden Eingang in seine Werke.

Für einen Philosophen baute Platon nämlich ausgesprochen viele mathematische Überlegungen in seine Stücke ein. Nehmen wir zum Beispiel eines seiner Spätwerke mit dem Originaltitel *Nomoi*, was so viel heißt wie *Gesetze*. Auch dieses umfangreiche Stück ist in Dialogform angelegt. Darin geht es um ein längeres Gespräch zwischen einem Athener und einigen Kretern. Ihre Unterhaltung dreht sich um die bestmögliche Form, ein Gemeinwesen zu organisieren.

In *Nomoi* befasst sich Platon mit vielen Details der von ihm entwickelten Staatsutopie. Alle wichtigen Aspekte werden angesprochen. Unter anderem auch die optimale Größe eines Gemeinwesens, also eines Stadtstaats oder einer Polis, wie man im antiken Griechenland sagte. Er gibt sogar einen exakten Wert für die optimale Zahl der Bürger. Also für die Anzahl, die allen in der Polis Lebenden dauerhaft günstige Lebensbedingungen verschafft.

Nach Platons Meinung sind das 5040 Grundeigentümer. Nicht etwa 5000 oder 5050. Nein, genau 5040 müssen es laut Platon sein. Seine Begründung? Lesen wir die entsprechende Stelle:

Um also eine möglichst passende Zahl zu nehmen, so mögen 5040 Grundeigentümer dieselbe bilden und als zukünftige Verteidiger der Landeseinteilung dastehen, auf gleiche Weise aber Land und Wohnungen in ebenso viele Teile geteilt werden, sodass auf jeden Mann ein Grundstück kommt.

Diese ganze Summe teile man nun in zwei und dann wiederum in drei Teile. Sie lässt sich nämlich auch in vier, fünf und so weiter bis in zehn Teile zerlegen. Denn so viel muss jeder Gesetzgeber von den Zahlen verstehen, welche Zahl und um welcher Beschaffenheit willen sie für jeden Staat am vorteilhaftesten ist, und wir dürfen als solche bezeichnen, welche sich durch die meisten und möglichst aufeinander folgenden Zahlen dividieren lässt, denn nicht jede Zahl ist aller Teilungen und durch jeden Teiler fähig.

Die angenommene Summe von 5040 ist für den Krieg, so wie für alle Geschäfte des Friedens, Verträge und Gesellschaftsunternehmungen, Abgaben und Länderverteilungen richtig, weil sie durch sechzig Zahlen weniger eine geteilt werden kann und dabei durch alle ununterbrochen von eins bis zehn. (Nomoi, Buch V, 737 ff.)

So weit Platons Erläuterung. Die ist hochinteressant, weil es sich um eine rein zahlentheoretische Begründung handelt. Platons Überlegung geht in die Richtung, dass die Zahl der Bürger einer Stadt gerade so groß sein sollte, wie es nötig ist, um die politischen, wirtschaftlichen und sozialen Aufgaben in Kriegs- und Friedenszeiten gut zu erfüllen.
Und nicht größer.
Dieses Erfüllen der Aufgaben erfordert das Einteilen der Gesamtzahl der Bürger in verschiedene Gruppen und Untergrup-

pen. Solche Gruppierungen sind am besten vorzunehmen, wenn die Größe der Bürgerschaft möglichst viele unterschiedliche Einteilungen zulässt, mathematisch gesprochen also viele Teiler hat. Im weiteren Verlauf des Dialogs in *Nomoi* zählt Platon verschiedene Möglichkeiten auf, in welcher Weise die Anzahl der Grundeigentümer einer Polis stabil bei dem Wert 5040 gehalten werden kann.

Für Platon ist es also wichtig, dass die vorgesehene Zahl viele Teiler hat. Je mehr, desto besser. Denn wenn die Gesellschaft aus irgendwelchen Gründen zu irgendeinem Zweck in Gruppen eingeteilt werden müsse, so geht das bei einer Anzahl, die viele Teiler hat, leichter und auf vielfältigere Weise. Dann können auf unterschiedlichste Arten alle Teilgruppen immer gleich groß gewählt werden.

Ein eindrucksvoller Denkansatz!

Zahlen mit vielen Teilern sind generell nützlich. Der Aspekt der großen Teilerzahl ist in vielen Anwendungen überaus vorteilhaft. Immer dort, wo gezählt oder gemessen und das Gezählte oder Gemessene eingeteilt, unterteilt oder verteilt werden muss. Das kommt in praktisch allen Lebensbereichen vor. Längeneinheiten etwa müssen in kürzere Abschnitte zerlegt werden können, Zeiteinheiten in kürzere Zeitspannen, Gewichte in kleinere Gewichtseinheiten. Für alle diese Zwecke sind Zahlen mit vielen Teilern wertvoll. Je mehr Teiler sie haben, desto besser ist es.

Primzahlen fallen damit weg, denn die haben nur zwei Teiler. So sind sie definiert. Eine Zahl gehört nur dann dem Klub der Primzahlen an, wenn sie exakt zwei Teiler hat. Außer durch sich selbst ist sie durch 1 teilbar. Das war's. Bei der Zahl 1 fallen beide genannten Teiler sogar zusammen. Sie hat deshalb einen Teiler zu wenig, um als Primzahl zu gelten. Doch abgesehen davon haben Primzahlen die kleinstmögliche Anzahl von Teilern.

Bei Platons Überlegung geht es gerade um das Gegenteil, sozusagen um den Gegenpol zu Primzahlen. Gewissermaßen um Anti-Primzahlen. Um Zahlen mit so vielen Teilern wie möglich.

Zahlen, die in dieser Hinsicht so verschieden von Primzahlen sind, wie das nun mal möglich ist.

Natürlich gibt es nicht nur eine Zahl mit der größtmöglichen Anzahl von Teilern. Schon allein deshalb nicht, weil das Doppelte einer Zahl immer mehr Teiler hat als die Zahl selbst. Diese Aussage gilt für alle natürlichen Zahlen.

Die Begründung dafür ist einfach, aber trotzdem lehrreich. Das Doppelte einer Zahl ist nämlich durch dieselben Zahlen teilbar wie die Zahl selbst. Und zusätzlich durch das Doppelte. Das ist also mindestens ein Teiler mehr. Und vielleicht gibt es sogar noch weitere Faktoren, die das Doppelte hat, nicht aber die Zahl selbst.

Zum Beispiel besitzt die Zahl 10 vier Teiler: 1, 2, 5, 10. Die 20 hat diese Teiler und zusätzlich natürlich auch noch den Teiler 20 sowie die 4. Das sind zwei mehr.

Jede Verdopplung vermehrt demnach die Zahl der Teiler. Es gibt deshalb keine obere Grenze für die Teilerzahl. Dennoch macht es Sinn, von Zahlen mit möglichst vielen Teilern zu sprechen, nämlich dann, wenn man sie mit allen *kleineren* Zahlen vergleicht. Diese Zahlen heißen in der Mathematik *hoch zusammengesetzte Zahlen*. Eine hoch zusammengesetzte Zahl ist eine positive ganze Zahl mit mehr Teilern als jede kleinere positive ganze Zahl.

Nach der Überlegung zum Verdoppeln wissen wir, dass es unendlich viele dieser hoch zusammengesetzten Zahlen gibt. Wenn eine bestimmte Zahl diese Eigenschaft hat, dann ist spätestens ihr Doppeltes die nächste hoch zusammengesetzte Zahl.

Übrigens gibt es auch von Primzahlen unendlich viele, und auch die nächste Primzahl tritt spätestens bis zur Verdopplung auf. Das Doppelte einer Primzahl ist natürlich keine Primzahl, aber irgendwo zwischen einer Primzahl und ihrem Doppelten gibt es mindestens eine weitere Primzahl.

Die Begründung dieser Tatsache für Primzahlen ist allerdings sehr viel schwerer als die für hoch zusammengesetzte Zahlen. Bewiesen wurde diese Eigenschaft übrigens 1850 vom russischen Mathematiker Pafnuti Tschebyschow (1821–1894). Er konnte sogar noch mehr als diese Primzahleigenschaft beweisen. Nach Tschebyschow befindet sich zwischen *jeder* positiven ganzen Zahl größer als 3 und ihrem Doppelten mindestens eine Primzahl.

Zurück zu den hoch zusammengesetzten Zahlen. Wollen wir uns eine kleine Kollektion dieser Zahlen zusammenstellen?

Es lohnt sich, das zu tun, denn wir werden eine Überraschung erleben. Beginnen wir wie bei Primzahlen mit der 2. Diese Zahl hat zwei Teiler. Die nächste natürliche Zahl ist 3, doch die ist nicht die nächste hoch zusammengesetzte Zahl, denn auch sie hat nur zwei Teiler. Die nächste hoch zusammengesetzte Zahl ist 4 mit den drei Teilern 1, 2 und 4. Das ist einer mehr.

Setzen wir diese elementaren Überlegungen mit sehr viel verfügbarer Zeit fort, haben wir irgendwann dieses Anfangsstück der Folge hoch zusammengesetzter Zahlen vor Augen:

2, 4, 6, 12, 24, 36, 48, 60, 120, 180, 240, 360, 720, 840, 1260, 1680, 2520, 5040 …

Überraschung! Wir sehen, dass Platons scheinbar willkürlich gewählte Zahl 5040 auch eine hoch zusammengesetzte Zahl ist. Sie hat genau 60 Teiler. Damit ist ihre Teilerzahl ebenfalls eine hoch zusammengesetzte Zahl. Und natürlich hat sie deshalb mehr Teiler als 5039, mehr als 5038 usw.

Bei 5039 ist der Unterschied sogar ziemlich krass, denn 5039 ist eine Primzahl und hat nur zwei Teiler. Mit 5039 und 5040 liegen also eine Primzahl und eine Anti-Primzahl in unmittelbarer Nachbarschaft.

Schaut man sich die Platon'sche Zahl 5040 genauer an, wird ersichtlich, dass sie sogar durch die Zahlen von 1 bis 16 mit Ausnahme von 11 und 13 teilbar ist. Sie eignet sich also vorzüglich dazu, irgendwelche Dinge oder Personen in 2er-, 3er-, 4er-, 5er-Gruppen usw. einzuteilen.

Platon hatte offenbar ein sehr ausgeprägtes Gespür für Zahlen, wenn er in *Nomoi* als beste Größe für die Polis 5040 Bürger ansieht. Und nicht etwa 5039, was in Bezug auf Teilbarkeit und die Möglichkeiten des Einteilens ein wahres Debakel gewesen wäre. Überlegt man sich die ganze Angelegenheit genau, erkennt man, dass die hoch zusammengesetzten Zahlen unser Leben regieren. Im Alltag stoßen wir überall auf sie. Weil oft geteilt und eingeteilt werden muss.

Zahlen, die uns erlauben zu teilen, sind also Gold wert. *Divide et impera*, sagten schon die alten Römer. Teile und herrsche. Wer teilen kann, kann herrschen. Der ist der Herrscher, der Häuptling, der Chef. Nennen wir die Zahlen, die das am besten können, einfach Chefzahlen. Das ist weniger sperrig als der Begriff hoch zusammengesetzte Zahlen.

Obwohl dieser sperrige Begriff von einem der berühmtesten und, ja, wohl legendärsten Mathematiker aller Zeiten eingeführt wurde. Die Rede ist vom indischen Mathematiker Ramanujan (1887–1920). Er war es auch, der diese Zahlen so intensiv studierte wie niemand sonst. Vieles von dem, was wir heute über sie wissen, nahm bei Ramanujan seinen Anfang.

Er stellte auch eine viel längere Liste von Chefzahlen zusammen, als wir es oben getan haben. In einer Zeit ohne Computer errechnete er 102 derartige Zahlen. Das war die nahezu vollständige Liste bis zu einem Wert von rund sieben Billionen. Nahezu deshalb, weil es interessanterweise in seiner Liste eine Lücke gibt. Es fehlt eine einzige Chefzahl, die 293 318 625 600. Rund 293 Milliarden. Sie hat Ramanujan aus ungeklärten Gründen vergessen.

Schauen wir uns den Anfang der Chefzahlen-Liste an, entdecken wir dort sehr viele Zahlen, die in unserem Alltag eine wichtige Rolle spielen, um Dinge einzuteilen. Ein Jahr hat 12 Monate, ein Tag hat 24 Stunden, jede Stunde hat 60 Minuten, jede Minute 60 Sekunden.

Der griechische Geschichtsschreiber Herodot berichtet, dass die Einteilung von Tag und Nacht in je 12 Stunden aus Babylon nach

Griechenland gekommen sei. Näherliegende Beispiele gibt es aus England: Ein Fuß hat 12 Zoll, ein Yard 36 Zoll.

Für die 12 hat sich sogar ein eigener Begriff eingebürgert. Wer 12 von etwas hat, der hat davon ein Dutzend. Ebenfalls gebräuchlich ist das halbe Dutzend. Bei Getränken sprechen wir heute von einem Sixpack.

Auch größere Chefzahlen sind viel in Gebrauch. Ein Vollwinkel hat 360 Grad und lässt sich wunderbar einteilen. In zwei Hälften, drei Drittel, vier Viertel usw. Halbe, Drittel, Viertel, Fünftel, Sechstel liefern einfache Winkelgrade: 180, 120, 90, 72, 60.

Dabei sieht 360 zunächst wie eine völlig willkürliche Zahl aus, kaum anders als etwa 370 oder die »runder« anmutende 350. Doch mit diesen Zahlen würden bei vielen gängigen Winkeleinteilungen Probleme auftreten. Man denke nur an den rechten Winkel, der ein Viertel des Vollwinkels ist.

Die Rechenmeister der Vergangenheit haben also offensichtlich eine super Arbeit geleistet. Sehr gut, dass sie vom Zehnersystem, das sich ansonsten weltweit durchgesetzt hat, für spezielle Zwecke abgewichen sind. Faszinierend, dass sie nicht der Versuchung erlegen sind, einen Tag in 10 Stunden einzuteilen. Die unrunde Zahl von 24 Stunden eignet sich viel besser. Denn die 10 hat nur die echten Teiler 2 und 5, die 24 dagegen 6 echte Teiler. Wahrscheinlich hätte sich ein 10-Stunden-Tag nicht durchgesetzt, ebenso wenig wie in Frankreich Ende des 18. Jahrhunderts. Im Zuge der Französischen Revolution wurde die Umstellung auf ein Jahr mit 10 Monaten vorgenommen. Doch der Widerstand wurde zu groß, weil das ziemlich unpraktisch war. Nach kurzer Zeit kehrte man zu 12 Monaten zurück.

In der christlichen Tradition gelten die 12 und die 120 als Zeichen von Vollkommenheit und Vollständigkeit. Jesus feierte das Abendmahl mit 12 Jüngern. Jakob hatte 12 Söhne, die die 12 Stämme Israels begründeten. Laut Bibel starb Moses im Alter von 120 Jahren. Im Buch Daniel taucht die Zahl 1260 in einer Prophezeiung auf.

In manchen indigenen Kulturen wird beim Zählen mit den Fingern nicht das Zehnersystem verwendet, sondern das Zwölfersystem. Dabei werden die Daumen ignoriert, und an jeder Hand nur die übrigen vier Finger berücksichtigt. Gezählt wird mit den Fingergliedern, von denen jeder Finger drei hat: Fingerspitze, Fingeransatz und das mittlere Glied. So lässt sich mit einer Hand bis 12 zählen, mit beiden Händen bis 24.

In einigen Kulturen haben Zahlen, die in unmittelbarer Nähe von Chefzahlen liegen, eine besondere Bedeutung, sind also Glückszahlen wie die 7 oder Unglückszahlen wie die 13. Beim Geheimorden der Illuminaten spielt die 23 eine wichtige mystische Rolle.

Selbst die für den Alltagsgebrauch zu groß erscheinende Chefzahl 2520 ist eine spezielle Zahl. Es ist die kleinste Zahl, die sich durch die Zahlen von 1 bis 10 glatt teilen lässt. Eine ihrer Produktdarstellungen sieht so aus:

$$2520 = 7 \times 12 \times 30$$

7 Tage hat jede Woche, 12 Monate ein Jahr, rund 30 Tage dauern die Monate. Außerdem ist 2520 genau die Anzahl der Winkelgrade in 7 Kreisen, da $7 \times 360 = 2520$ ist. Noch eine in vielfacher Hinsicht ganz besondere Zahl!

Weit größere Chefzahlen finden sich bei der Anzahl von Bildpunkten, sogenannten Pixeln, die Grafikkarten auf Bildschirmen ansteuern können. Das Produkt aus Pixelbreite mal Pixelhöhe bestimmt die Auflösung der Grafikkarte bzw. die Schärfe der Bilder auf dem Bildschirm. Je größer das Produkt, desto besser die Auflösung. Handelt es sich dabei um Chefzahlen, lassen sich Skalierungen auf höhere oder niedrigere Auflösungen besonders leicht und ohne jene Fehler durchführen, die sich bei Auf- oder Abrunden ergeben würden.

Die Babylonier bauten ein ganzes Zahlensystem auf der Zahl 60 auf. Die Babylonier hatten das 60er-System um 1800 v. Chr. von den Sumerern übernommen, die bereits 3000 v. Chr. die Anfänge dieses Systems im Einsatz hatten.

Von Babylon strahlte die Zahl dann in andere Kulturen aus. Beispielsweise auf das von Karl dem Großen eingeführte Karolingische Münzsystem. Ein Pfund Silber war gleichwertig mit 240 Pfennigen oder Denaren. Und in Preußen wurde von 1821 bis 1873 ein Münzsystem verwendet, bei dem ein Taler 360 Pfennigen entsprach. Beides sind kleine Vielfache von 60 und Chefzahlen.

Das 60er-System ist heute außer bei Stunden und Minuten auch bei geografischen Längen- und Breitengraden in Gebrauch. Im Spätmittelalter teilten einige Rechenmeister für besonders genaue Kalkulationen die Sekunde noch in 60 Teile ein. Das waren die Tertien: Eine Sekunde hatte 60 Tertien.

Der Grund für die Wahl der 60 als Basis des Zahlensystems bestand von Anfang an in der exzellenten Teilbarkeit. Alle Anteile, die beim praktischen Zählen und Messen im Handel auftreten, können leicht ausgedrückt werden. Im 60er-System ist das Zählen und Messen viel einfacher. In unserem Dezimalsystem ist der Bruch ein Drittel in Dezimalschreibweise nur unhandlich oder ungenau darstellbar. In einer Zeit, als es darauf ankam, möglichst mit ganzen Zahlen zu rechnen, weil Nachkommastellen auch für die besten Rechenmeister komplizierte Angelegenheiten waren, hatte das 60er-System unermessliche Vorteile. Der sechste Teil von etwas ist in diesem System mit 10 Sechzigsteln viel leichter auszudrücken. Das sehen wir sofort, wenn wir diesen sechsten Teil zum Vergleich durch Zehntel darstellen wollen. Oder nehmen wir ein Viertel. Das sind 15 Sechzigstel. Der fünfte Teil sind 12 Sechzigstel, der dritte Teil sind 20.

Auch die Darstellung von Zahlen mit vielen Stellen wird einfacher. Für die Zahl 1,25 mit insgesamt drei Stellen brauchen wir im 60er-System nur zwei Stellen. Dort ist sie darstellbar als

$$1 \times 60^0 + 15 \times 60^{-1}$$

Auch alle damit zusammenhängenden Rechnungen sind viel leichter auszuführen. Denn im 60er-System gehen alle wichtigen Anteile und Brüche glatt auf.

Damit nicht genug. Auch der Umgang mit komplizierteren mathematischen Objekten wird einfacher. Zum Beispiel sieht die Wurzel aus 2 im 10er-System so aus:

$$\sqrt{2} = 1{,}41421356\ldots$$

Im 60er-System hat diese Zahl natürlich andere Nachkommastellen, nämlich 24 als erste, 51 als zweite und 10 als dritte, also 1,24 51 10. In unserem heute gebräuchlichen 10er-System wäre das die Zahl 1,414212963... Mit drei Nachkommastellen im 60er-System bekommen wir eine viel genauere Annäherung an die Wurzel, als sie mit derselben Anzahl von drei Nachkommastellen im 10er-System erreichbar ist.

Sie erinnern sich, dass nach jeder Chefzahl die nächste spätestens bis zur Verdopplung ihren Auftritt hat? In den allermeisten Fällen tritt sie jedoch viel früher auf.

Es gibt also auch unter den Chefzahlen Unterschiede. Solche, die gewissermaßen besonders lange regieren und erst von ihrem Doppelten als neuer Chefzahl abgelöst werden. Von diesen ultimativen Chefzahlen gibt es nur ganz wenige. Nur insgesamt sechs:

2, 6, 12, 60, 360, 2520

Das sind nicht ohne Grund genau die Zahlen, die in den oben genannten Beispielen besonders häufig vorkommen.

Diese Chefzahlen eignen sich auch besonders gut für Packungsgrößen und begegnen uns dort immens häufig. Denken Sie nur an Weinkisten mit 6 oder 12 Flaschen und an Bierverpackungen mit 6, 12 oder 24 Flaschen. Bei manchen Medikamenten sind 60 Tabletten pro Packung Standard, was in der deutschen Packungsgrößenverordnung festgelegt ist.

Insofern ist es kurios und hat vielleicht eine besondere Bedeutung, dass bei Produkten, deren Hauptzielgruppe Kinder sind, recht oft Packungsgrößen auftreten, die keine Chefzahlen sind. So befinden sich etwa in der Schokoladenbox für Kinder eines bekannten Herstellers genau 11 Schokoriegel.

Ein Schelm, wer Böses dabei denkt!

Die lustigste Zahl
im Universum

Viele Menschen sind der Ansicht, dass die Mathematik wenig emotional ist, sondern verkopft, umständlich und sperrig. Wir versuchen den Gegenbeweis. Falls wir Sie bis hierhin nicht sowieso schon überzeugt haben.

Welches ist, Ihrer Meinung nach, die lustigste Zahl des Universums?

Für uns ist es ganz klar die 123 (einhundertdreiundzwanzig). Es würde uns nicht wundern, wenn Sie einwenden: »Wieso ganz klar? Warum nicht die 17 oder wenigstens die 13?«

Na ja, immerhin sind es die ersten drei der natürlichen Zahlen 1, 2 und 3, einfach hintereinandergeschrieben. Aber wir geben Ihnen recht, auf den ersten Blick ist die 123 recht unscheinbar. Wir möchten gern erklären, warum wir sie lustig finden.

Schreiben Sie eine beliebige natürliche Zahl auf. Zum Beispiel die 791 363 (siebenhunderteinundneunzigtausenddreihundertdreiundsechzig).

Jetzt zählen Sie ab, wie viele ihrer Ziffern gerade sind. Das ist eine. Wie viele sind ungerade? Das sind fünf. Bestimmen Sie außerdem die Anzahl der Ziffern. Sechs. Durch simples Aneinanderfügen dieser drei so gewonnenen Zahlen in der Reihenfolge ihrer Erwähnung erhalten wir eine neue Zahl, und zwar die 156 (einhundertsechsundfünfzig).

Mit dieser neuen Zahl verfahren Sie genauso wie mit der ersten Zahl. Also bestimmen Sie erneut die Anzahl der geraden Ziffern (eine), der ungeraden Ziffern (zwei) und die Anzahl der Ziffern (drei). Was kommt raus? Die lustigste Zahl des Universums. Die 123.

Glauben Sie es nicht? Noch ein Versuch.

Nehmen wir die 435 387 (vierhundertfünfunddreißigtausend-
dreihundertsiebenundachtzig).

Rechnen wir es durch, immer in der Reihenfolge gerade, ungerade, Anzahl der Ziffern. Das sieht dann so aus:

$$435\ 387$$
$$246$$
$$303$$
$$123$$

Bingo!

Jetzt können Sie selbst weitermachen. Wir versichern Ihnen,
egal, mit welcher Zahl Sie anfangen, früher oder später landen
Sie bei der 123. Es ist unerheblich, wie groß die Zahl ist. Sie kann
auch tausend Stellen haben.

Das ist der Grund, warum wir die 123 zur lustigsten Zahl erklärt
haben. Wenn Sie das nicht lustig finden, finden Sie es vielleicht
zumindest mysteriös, dass diese Zahl 123 offensichtlich ein
schwarzes Loch für den gesamten Zahlenkosmos ist. Sie zieht
alle anderen Zahlen unweigerlich an, egal wie weit entfernt von
ihr sie sich aufhalten mögen.

Auf der Recherche zu diesem Buch sind wir über einen Twitter-
Chat zwischen Tanja und Lukas gestolpert, in den sich im Laufe
der Zeit weitere Follower eingeklinkt haben. Daraus ein Auszug,
passend zum Thema.

Lukas: 7
Lukas: die komischste zahl
Tanja: Frech
Lukas: magst du die sieben tanja
Tanja: Rate mal, Lukas
Lukas: glaub, du findest die sieben richtig klasse
Tanja: Richtig klasse finde ich schon etwas zu viel, aber
   einfach gute Zahl

Emma: Vertausche die immer mit 4
Peter: klar, 4 ist ja auch nur weiter geknickte 7
Marie: aber eine coole auch irgendwie
Lukas: finde in ordnung so weit
Marie: cool

Vom Händeschütteln

Händeschütteln ist eigentlich eine ganz lapidare Sache, eine Allerweltsangelegenheit. Man lernt jemanden kennen oder wird bekannt gemacht, dann gibt man sich die Hand, sagt Guten Tag, Hallo oder nickt. Das war's. Ein sehr flüchtiger Ablauf. Was lässt sich schon groß darüber sagen? Eine ganze Menge.

Wo fangen wir an?

Wer, wie einer von uns Autoren, mehr als zehn Jahre in den USA gelebt hat, wird schnell Anhänger der amerikanischen Einstellung zum Händeschütteln. Während wir Deutsche, pointiert ausgedrückt, nicht genug davon bekommen können, schütteln sich Amerikaner nur beim ersten Kennenlernen und bei sehr formellen Anlässen die Hand.

Händeschütteln hat viele Aspekte, zum Beispiel juristische. In der Schweiz und in Spanien ist es möglich, damit einen Vertrag rechtskräftig zu besiegeln.

Es gibt hygienische Gründe, das Händeschütteln abzulehnen, weil es neben dem Kontakt mit Türklinken erwiesenermaßen der wichtigste Übertragungsweg für Infektionskrankheiten ist.

Biologische Aspekte spielen ebenfalls eine Rolle. Für Menschen jenseits des 85. Lebensjahres korreliert beispielsweise der gemessene Händedruck mit der spezifischen Sterberate. Je schwächer der Händedruck, desto höher die Sterberate. Und psychologische Aspekte gibt es ebenfalls. Händeschütteln aktiviert das Gehirn, schüttet Hormone aus und erzeugt auf diese Weise Gefühle. Und nicht zuletzt: Händeschütteln hat Aspekte des Wohlseins und Unwohlseins.

In einer Studie zum Händeschütteln gaben 38 Prozent der Befragten an, dass es am unangenehmsten für sie sei, eine feuchte Hand zu schütteln. Prozentual nur knapp gefolgt vom Ergreifen einer gänzlich schlappen, kraftlosen Hand. In der genannten Studie wurde auch ermittelt, dass jeder Ottonormal-Händeschüttler (m/w/d) im Leben etwa 15 000 Hände schüttelt. Außer Sie sind Politiker und machen Wahlkampf. Dann kommen Sie während eines einzigen Jahres auf diesen Wert. Interessant ist auch, dass jede fünfte Person zugab, sie sei unsicher, wie man richtig Hände schüttelt.

Aha, das lässt aufhorchen! Eine simple Gebärdenfloskel, bei der man schon im Ansatz auf Autopilot schalten könnte, scheint das Händeschütteln also doch nicht zu sein.

Nein, absolut nicht. Beim Händeschütteln lassen sich leicht Fehler machen. Zunächst ist Händeschütteln sehr individuell, fast wie ein Fingerabdruck. Jeder schüttelt anders. Jeder zieht Schlüsse daraus, wie der andere ihm die Hand geschüttelt hat. Und hat man eine Hand geschüttelt, dann wirkt das nach. Länger als gemeinhin angenommen. Dazu später mehr.

Der Brauch des Händeschüttelns ist historisch seit über 2500 Jahren nachweisbar. Schon im antiken Griechenland schüttelten sich Menschen die Hände. Es gibt Kunstgegenstände aus jener Zeit, die Herakles zeigen, wie ihm Athene die Hand schüttelt. Diese Geste wird von Kunsthistorikern gemeinhin so interpretiert, dass der für seine Stärke gerühmte Held damit gleichberechtigt in den Kreis der zwölf Götter des Olymps aufgenommen wurde. Mit Händeschütteln lassen sich Dinge besiegeln, Dinge aufwerten und Dinge ruinieren. Auch dazu später mehr.

In der Menschheitsgeschichte entstand Händeschütteln als symbolisches Zeichen der Friedfertigkeit. Der Mensch streckte die freie, offene Hand nach vorn aus und demonstrierte so seinem Gegenüber, dass er unbewaffnet war. In jenen archaischen Zeiten, als das Waffentragen notwendig zum Überleben gehörte, war dies eine große Geste der Freundlichkeit und Wohlgesonnenheit. Bei dieser Geste sind die fünf Finger gerade und zeigen nach vorn. Sie sind nicht gekrümmt und zur Faust geballt. Das Gegenüber sah, dass man »fünfe gerade sein ließ«. Die Etymologie dieser Redewendung geht sprachhistorisch genau darauf zurück, obwohl sie heute etwas anderes bedeutet. Wenn man früher fünfe gerade sein ließ, zeigte man dadurch seine Gutmütigkeit im Unterschied zur Kampfesfaust. Die moderne Bedeutung geht dagegen eher in die Richtung von *etwas nicht so genau nehmen*.

Händeschütteln ist eine Berührung, mit der einerseits ein Eindruck vermittelt wird und man sich andererseits einen Eindruck verschafft. Es ist nicht einfach nur eine Geste, sondern ein körperlicher, geistiger und emotionaler Akt. Dieser Akt hat eine Choreografie und ist bedeutungsvoll.

Denn die unscheinbare Aktion des Handreichens steckt randvoll mit Psychologie. Handelt es sich um die erste Berührung zwischen zwei sich zuvor unbekannten Menschen, ist es ein nachhaltiges körpersprachliches Signal, das eine Menge über uns aussagt. Psychologen haben herausgefunden, dass sich viele Persönlichkeitseigenschaften in der Art des Händeschüttelns widerspiegeln.

Der US-Präsident John F. Kennedy, ein Meister des gehaltvollen und gewinnenden Händeschüttelns, setzte sogar eine geheime Experten-Kommission ein. Ihr Auftrag bestand darin, die bestmögliche Art des Händeschüttelns für die Begrüßung anderer Staatenlenker oder einflussreicher Personen zu erforschen. Auch der Präsident war sich wohl seiner Sache nicht immer sicher.

Heute kann bei Unsicherheit Abhilfe geschaffen werden. Der britische Psychologe Geoffrey Beattie hat sich dem Thema mit akademischer Akribie gewidmet und das Händeschütteln wissenschaftlich untersucht. Er hat zwölf Variable herausgearbeitet, die dabei eine Rolle spielen und beachtet werden sollten. Zusammen ergeben seine Empfehlungen ein Muster, ja, fast eine mathematische Formel für optimales Händeschütteln.

Hier sind die einzelnen Skalen. Und je mehr Punkte Sie darauf erreichen, desto besser sind Sie beim Handschlag. Überspitzt formuliert von Grobmotoriker bis hin zum Helden des Händeschüttelns.

1. Qualität des Blickkontakts
   (1 = gar keiner, 5 = direkter Augenkontakt)
2. Feuchtigkeit der Hand
   (1 = nass, 5 = trocken)
3. Vollständigkeit des Handschlags
   (1 = unvollständig, 5 = vollständig)
4. Stärke des Händedrucks
   (1 = schwach oder grob, 5 = stark)
5. Lächeln und Symmetrie der Gesichtszüge
   (1 = Grimasse, 5 = Strahlelächeln)
6. Verbalansprache
   (1 = unfreundlich, 5 = sehr angenehm)
7. Position der Hand
   (1 = zu nah am eigenen Körper oder dem des anderen, 5 = mittig)
8. Dauer
   (1 = zu kurz oder zu lang, 5 = zwei bis drei Sekunden)
9. Energie
   (1 = zu wenig oder zu energisch, 5 = mittel)
10. Handtemperatur
    (1 = zu kalt oder zu warm, 5 = mittel)
11. Beschaffenheit der Handoberfläche
    (1 = zu rau oder zu weich, 5 = mittel)
12. Kontrolle
    (1 = niedrig, 5 = ausgewogen)

Das Fazit der Untersuchung gibt Empfehlungen für den richtigen Händedruck. Reichen Sie die rechte Hand. Sie sollte kühl und trocken sein, aber nicht kalt. Drücken Sie die Hand Ihres Gegenübers fest, aber nicht grob. Die beiden Hände sollten sich nach Möglichkeit in der Mitte auf halber Körperhöhe treffen. Schütteln Sie die Ihnen gereichte Hand zwei- bis dreimal, mit Spannkraft, aber kontrolliert und nicht vehement. Die optimale Dauer des Händedrucks beträgt zwei bis drei Sekunden. Sehen

Sie Ihrem Partner dabei direkt in die Augen und nicht auf die Hände. Zeigen Sie ein freundliches, strahlendes Lächeln, das langsam und nicht abrupt abklingt.

Das ist das, was Sie machen sollten.

Unterlassen sollten Sie dagegen Folgendes: Verstärkende oder ergänzende Handlungen, die Dominanz ausdrücken, wie etwa ein zu grobes Drücken oder ein Heranziehen der Hand des Gegenübers. Unterlassen Sie es beim Erstkontakt, die linke Hand zusätzlich einzusetzen. Kein Tätscheln des Handrückens, Umfassen des Unterarms und schon gar kein Schulterklopfen! Insbesondere bei Bewerbungsgesprächen ist es wichtig, das zu vermeiden. Speziell, wenn Sie der Bewerber sind.

Wie groß der Unterschied ist, den die Kunst des Händeschüttelns gerade in diesem Kontext macht, zeigt die Aussage des Personalchefs eines renommierten Unternehmens: »Von zwei Bewerbern mit gleicher Qualifikation stelle ich immer den ein, der den besten Eindruck beim Händeschütteln hinterlassen hat.«

Eine erstaunliche Aussage mit Tragweite. Aber plausibel und kein schlechtes Entscheidungskriterium. Diesem Personalchef ist die Bedeutung des Handschlags durch eigene Erfahrungen bewusst geworden.

Auch Sie können sich die Bedeutung klarmachen, wenn Sie sich überlegen, welche Shakehands Ihnen in der Vergangenheit positiv oder negativ in Erinnerung geblieben sind. Da wird es sicher einige geben.

Unter den negativen werden möglicherweise solche sein, bei denen Ihr Gegenüber Ihnen ein feuchtes, schlaffes Händchen reichte, Sie nicht anschaute oder sonst eine linkische Körpersprache an den Tag legte. Oder Ihnen zu dominant, zu forsch und zu dynamisch entgegentrat.

Auf der positiven Seite können wir eine eigene Erfahrung beisteuern. Einer der Autoren wohnte vor rund drei Jahrzehnten einer Ansprache des früheren Bundespräsidenten Richard von Weizsäcker bei. Anschließend ergab sich die Möglichkeit für einen Händedruck, der von einem kurzen bedauernden Blick des Bundespräsidenten begleitet war, während er von seinen Bodyguards gleich wieder weiterbugsiert wurde. Ein Blick, mit dem der Präsident wohl zum Ausdruck bringen wollte, dass er leider keine Zeit für ein Gespräch habe. Der Inhalt seiner Rede oder das Thema und alles andere von dieser Veranstaltung sind lange und spurenlos vergessen. Aber das Händeschütteln und der nachhaltige Blickkontakt sind selbst nach 30 Jahren noch bestens in Erinnerung.

Also nie das Händeschütteln unterschätzen!

Gibt es sonst noch etwas darüber zu sagen?

Oder noch spezieller gefragt: Gibt es eigentlich auch eine Mathematik des Händeschüttelns? Ja, durchaus. Es gibt sogar einen mathematischen Satz mit dem Namen Handshake-Theorem. Der besagt Folgendes: Bei jedem Treffen einer Gruppe von Personen, bei dem sich einige die Hand schütteln, ist die Anzahl der Menschen gerade, die einer ungeraden Anzahl von Personen die Hand schütteln.

Das hört sich zunächst nicht spektakulär an. Das Theorem sagt nur etwas über die gerade und ungerade Anzahl der Teilnehmer beim Händeschütteln. Na, wennschon. Das scheint kaum der Rede wert. Es beantwortet eine Frage, die Sie und wahrscheinlich auch der Rest der Menschheit sich wohl noch nie gestellt haben. Doch dieses Gerade-ungerade-Prinzip ist zwar extrem einfach, ja kinderleicht, gleichzeitig aber mathematisch ungeheuer wichtig. Wegen seiner vielen überraschenden Anwendungsmöglichkeiten. Es gibt sehr komplizierte Probleme, die sich damit recht einfach lösen lassen oder überhaupt nur damit lösen lassen.

Das Theorem vom Händeschütteln geht auf den Schweizer Mathematiker Leonhard Euler (1707–1783) zurück. Er und Carl Friedrich Gauß (1777–1855) gelten als die beiden bedeutendsten Mathematiker aller Zeiten.

Euler war unvergleichlich in seiner Kreativität. Er veröffentlichte

886 wissenschaftliche Arbeiten und Bücher, bereicherte damit alle damals bekannte Gebiete der Mathematik und schuf einige neue. Nach Schätzungen geht ein Drittel der gesamten im 18. Jahrhundert produzierten mathematischen Literatur auf ihn zurück. Von ihm sind ferner 3000 Briefe überliefert, eine ähnlich große Zahl gilt als verschollen.

Euler zeugte 13 Kinder und war ein engagierter und liebevoller Familienvater. Er konnte in jeder Situation arbeiten. Auch dann, wenn seine Kinder auf ihm herumturnten oder in seinem Arbeitszimmer musizierten und eine Katze auf seiner Schulter saß. Er hatte ein perfektes Gedächtnis für jede mathematische Formel, die er je gesehen hatte.

Mit seinem Theorem vom Händeschütteln hat es folgende Bewandtnis: Im Jahr 1736 erfuhr Euler vom heute sogenannten Königsberger Brückenproblem. Die Stadt Königsberg gehörte damals zu Deutschland, heißt seit 1945 Kaliningrad und liegt im Westen Russlands nahe der polnischen Grenze. Sie wird vom Fluss Pregel, heute russisch Pregolja, durchflossen. Im 18. Jahrhundert bestand die Innenstadt aus vier Stadtteilen, die durch sieben Brücken über die Pregel miteinander verbunden waren.

Die Einwohner von Königsberg liebten ihre sonntäglichen Spaziergänge. In der Stadt gab es das beliebte Rätsel, ob es wohl möglich sei, bei einem Gang durch die Innenstadt jede der sieben Brücken genau einmal zu überqueren und am Ende wieder zu Hause anzukommen. Niemand berichtete, dass er es geschafft habe. Manche hielten es sogar für unmöglich, doch einen Beweis dafür oder dagegen gab es nicht.

Dieses Rätsel war irgendwann bis nach Danzig durchgedrungen, und den Danziger Bürgermeister Carl Ehler interessierte die Lösung so brennend, dass er am 9. März 1736 einen Brief an Leonhard Euler schrieb. Mit der Bitte, die Möglich- oder Unmöglichkeit des Unterfangens zu beweisen. Er schrieb unter anderem: »Ihr werdet mir Freude bereiten und unsere große Dankbarkeit erlangen, wenn Ihr gelehrter Herr erwünscht die Lösung mit einem Beweis an uns zu schicken von einer sehr bekannten Aufgabe über die Verteilung der sieben Königsberger Brücken. Es wird eine Arbeit sein, die Euch für zahlreiche Berechnungen Möglichkeiten bietet und welche die Aufmerksamkeit Eures Genies verdient.«

Dann beschrieb er die genaue Fragestellung und legte eine Zeichnung bei.

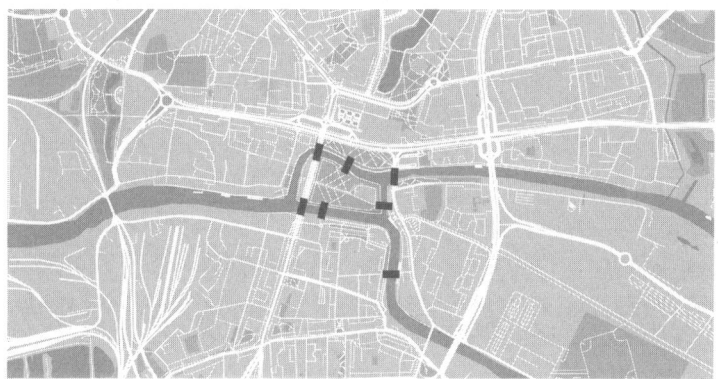

Euler ist zunächst erkennbar gelangweilt von dem Problem, wenn nicht gar genervt. Er schreibt an Ehler: »Die Lösung hat ihrem Charakter gemäß kaum Beziehungen zur Mathematik, und ich verstehe nicht, warum sie vom Mathematiker eher erwartet werden solle als von irgendeinem anderen Menschen, denn diese Lösung stützt sich allein auf die Vernunft, und es ist nicht nötig, zu ihrer Auffindung irgendwelche der Mathematik eigenen Prinzipien heranzuziehen.«

Doch irgendetwas schien ihn doch an der Fragestellung interessiert zu haben. Denn schon wenige Tage später schrieb Euler einen Brief an den italienischen Mathematiker Giovanni Jacobo Marinoni, in dem er das Problem erklärte und die Lösung präsentierte, die er als »banal« bezeichnete.

Euler, der 1736 in St. Petersburg lebte, reiste natürlich nicht etwa nach Königsberg, um die Wanderung über alle Brücken selbst auszuprobieren. Als Mathematiker packte er das Problem vielmehr mit reinem Nachdenken an, nicht experimentell. Er hat dafür eine ganz neue Art von Mathematik erfunden, die er *Geometrie der Lage* nannte.

Euler argumentierte so: Bei einem Rundkurs brauchte man für jeden Stadtteil eine Brücke, über die man in ihn hineinkommt, und eine andere, über die man aus ihm herauskommt. Beide Brücken können später nicht mehr begangen werden. Deshalb muss von jedem Stadtteil eine gerade Zahl von Brücken ausgehen, damit ein Rundkurs überhaupt möglich ist. Man kann also so oft in Stadtteile mit gerader Brückenzahl hinein- und hinausgehen, bis alle Brücken, die von ihm ausgehen, begangen worden sind. Dasselbe gilt auch für den Stadtteil, in dem man startet. Auch von ihm muss eine gerade Zahl von Brücken ausgehen, da man am Ende wieder in ihn hineinkommen will. Es muss somit von jedem Stadtteil eine gerade Anzahl von Brücken ausgehen, damit ein zu Hause beginnender Rundkurs mit nur einmaligem Begehen aller Brücken überhaupt möglich ist. Das aber war in Königsberg zur damaligen Zeit nicht der Fall. Von jedem Stadtteil ging nämlich eine ungerade Anzahl von Brücken zu anderen Stadtteilen aus.

Euler machte sich weitere Gedanken. Ihm wurde deutlich, dass das Problem nur von der Menge der Verbindungen zwischen den Stadtteilen abhing. Er abstrahierte das Problem mit einer Skizze auf das Wesentliche, indem er jeden Stadtteil durch einen Punkt darstellte und jede Brücke durch eine Verbindungslinie zwischen zwei Punkten. Eine Menge von Punkten mit Linien zwischen einigen von ihnen bezeichnet man in der heutigen Mathematik als Graphen.

Mit Eulers Lösung des Brückenproblems entstand die neue mathematische Disziplin der Graphentheorie. Eulers dreizehnseitige Schrift, die er in 21 Punkte gegliedert hatte, war der Gründungsakt dieses mathematischen Teilgebiets. Eulers Aussage zum Brückenproblem galt für jeden beliebigen Graphen. Einen

Rundkurs, der an einem Punkt begann, über alle Verbindungslinien ging und wieder zum Ausgangspunkt zurückkehrte, konnte es nur geben, wenn von jedem Punkt eine gerade Zahl von Verbindungen ausging. Das ist die Mindestanforderung.

Doch Euler konnte darüber hinaus beweisen, dass diese Mindestanforderung auch ausreichend ist. Die Mindestbedingung, ohne die es keinen Rundkurs geben kann, garantiert umgekehrt bereits, dass es einen Rundkurs gibt. Mathematiker nennen das ein Kriterium.

Eulers Kriterium für einen Rundkurs, heute Eulerkreis genannt, ist nicht nur für den Graphen des Königsberger Brückenproblems gültig, sondern überhaupt für jeden beliebigen Graphen. Auch für den Graphen des ungemein komplizierteren Brückenproblems der Stadt Venedig mit ihren 420 Brücken.

Eulers Kriterium für Eulerkreise in Graphen ist außerdem auf sehr viele Situationen im Alltag anwendbar. Wenn etwa der Fahrer eines Schneepfluges von seinem Parkplatz jede Straße einer bestimmten Region genau einmal befahren und am Ende zu seinem Parkplatz zurückkehren will, dann sucht auch er einen Eulerkreis. Wenn ein Handlungsreisender am Montag früh von seiner Wohnung aufbricht, während der Woche zehn Kunden in unterschiedlichen Städten besuchen und am Freitagabend nach Hause zurückkehren will, dann ist auch für ihn ein Eulerkreis optimal.

Im Zuge seiner allgemeinen Überlegungen zu Graphen stieß Euler auch auf das heute sogenannte Theorem vom Händeschütteln. Denn das Händeschütteln innerhalb einer Gruppe von Personen kann ganz einfach durch einen Graphen dargestellt werden. Jede Person wird als Punkt dargestellt. Wenn zwei Personen sich die Hände schütteln, werden die zugehörigen Punkte mit einer Linie verbunden. In seiner Schrift über das Königsberger Brückenproblem hatte Euler das Handschlag-Theorem ganz abstrakt als eine Eigenschaft aller Graphen formuliert. Aber als Handschlag-Theorem kann man es sich viel besser vorstellen.

Mit Graphen-Theorie kann man alle möglichen Zuordnungen untersuchen, wie zum Beispiel Spielpläne für eine Saison in der 1. Fußballbundesliga. Das ist eine Situation, die dem Händeschütteln in einer Gruppe von Personen gleichkommt. Die 18 Bundesliga-Mannschaften entsprechen den Personen, und es gleicht einem Handschlag, wenn zwei Mannschaften an einem Spieltag gegeneinander antreten. Über die 17 Spieltage der Hinrunde verteilt gibt es also 17 Handschlag-Szenarien.

Die Spielplangestaltung ist ein komplexes Unterfangen. Es muss unter anderem darauf geachtet werden, dass sogenannte Breaks so selten wie möglich vorkommen. Als Break wird bezeichnet, wenn eine Mannschaft zwei aufeinanderfolgende Heimspiele oder Auswärtsspiele hat.

Optimal wäre es natürlich, wenn Breaks ganz vermieden werden könnten. Das ist aber eine mathematische Unmöglichkeit. Man kann ganz leicht nachvollziehen, dass bei 18 Mannschaften, die an 17 Spieltagen nach dem Muster Jeder-gegen-Jeden in der Hinrunde und in der Rückrunde gegeneinander antreten, in jeder Runde mindestens 16 Breaks auftreten. Ganz egal, wie man den Spielplan für die Saison entwirft.

Die Begründung ist einfach. Angenommen, es gibt weniger als 16 Breaks in einer Runde. Dann haben mindestens drei Mannschaften kein Break. Doch es gibt nur zwei mögliche Abfolgen für Heimspiele (H) und Auswärtsspiele (A) ohne Break, nämlich

H A H A … H oder A H A H … A

Bei mindestens drei Mannschaften ohne Break und nur zwei möglichen Abfolgen ohne Break muss es also mindestens zwei Mannschaften geben, welche dieselbe Abfolge von Heim- und Auswärtsspielen haben. Diese Mannschaften könnten deshalb nie gegeneinander antreten. Das wäre aber dann kein gültiger Spielplan vom Format »Jeder gegen Jeden«.

Das ist der Beweis. Mit weniger als 16 Breaks in jeder der beiden

Runden geht's also nicht. Glücklicherweise lassen sich die Spielpläne auch tatsächlich so gestalten, dass nur 16 Breaks auftreten und nicht etwa mehr.

Wenn Sie als Zugabe noch Lust auf eine weitere haben, könnten wir uns die Begründung des Theorems vom Händeschütteln gemeinsam anschauen. Betrachten wir also die Menge der Paare, die sich die Hand schütteln. Jedes Händeschütteln zählt doppelt, je einmal für jede der beiden beteiligten Personen. Und es wird für jede Person einzeln gezählt. Wenn wir also für alle Personen die jeweiligen Zahlen addieren, wie oft jede Person Hände geschüttelt hat, erhalten wir eine gerade Zahl. Nennen wir diese Zahl N.

Nehmen wir nun an, es gibt G Personen, die mit einer geraden Anzahl von Personen Hände geschüttelt haben, und zwar alle zusammen insgesamt NG Mal. Und ferner, dass es U Personen gibt, die mit einer ungeraden Anzahl von Personen Hände geschüttelt haben, alle zusammen insgesamt NU Mal.

Dann erhalten wir sofort die Gleichung

$$N = NG + NU$$

oder nach Umstellung

$$NU = N - NG$$

Nun ist NG ebenso wie N immer eine gerade Zahl. Also muss NU als Differenz zweier gerader Zahlen ebenfalls gerade sein. Das aber bedeutet, dass die Zahl U nicht ungerade sein kann, da die Summe einer ungeraden Anzahl allesamt ungerader Zahlen auch ungerade wäre, was aber NU nicht ist. Folglich ist U gerade. Und das war zu beweisen.

Wo steckt der Goldbarren?

Stellen Sie sich vor, Sie sind Gast in einer Spiel- und Quizshow im Fernsehen. Mehrere Kandidaten treten gegen Sie an, aber nur Sie können alle Fragen beantworten. Sie meistern alle Herausforderungen und stehen am Ende ganz allein an der Spitze der Pyramide. Das höchste Level ist erreicht und der Hauptgewinn, ein Goldbarren, zum Greifen nah. Er befindet sich hinter einer Tür.

Das Problem: Es gibt drei Türen. Sie müssen versuchen, die richtige Tür zu finden. Hinter den beiden anderen Türen wartet als Trostpreis auch etwas, zum Beispiel eine Zwiebel.

Das Spiel beginnt. Sie zeigen auf die Tür 1. Der Moderator, der genau weiß, was sich hinter welcher Tür befindet, öffnet eine andere Tür, zum Beispiel Tür 3, hinter der sich eine Zwiebel befindet. Er fragt dann, ob Sie zur Tür 2 wechseln oder weiterhin auf Tür 1 beharren möchten.

An dieser Stelle kommt die Mathematik ins Spiel. Diese Aufgabenstellung ist nämlich unter Mathematikern als das legendäre »Drei-Türen-Paradoxon« bekannt. Sie haben sich mit diesem Phänomen beschäftigt, denn es gibt eine Möglichkeit, die eigene Gewinnchance statistisch gesehen zu erhöhen.

Das klingt erst einmal unglaubwürdig. Zur Ausgangslage: Der Moderator wird natürlich immer eine Zwiebeltür öffnen. Deshalb liefert mir das Öffnen der Zwiebeltür keine weitere Information. Nun ist klar, dass hinter der einen der verbleibenden Türen eine Zwiebel lauert und hinter der anderen Tür der Goldbarren. Es drängt sich der Gedanke auf, dass es egal ist, wie wir uns entscheiden.

Paradoxerweise stimmt das aber nicht, ganz im Gegenteil. Es ist günstiger zu wechseln, weil sich dadurch die Gewinnwahrscheinlichkeit verdoppelt, und zwar von einem Drittel auf zwei Drittel.

Am einfachsten erklärt sich das folgendermaßen: Wird nicht gewechselt, gewinnen Sie den Goldbarren nur dann, wenn Sie auf die richtige Tür zeigen. Die Chance dafür beträgt ein Drittel, das dürfte klar sein. Wenn Sie jedoch wechseln, gewinnen Sie den Goldbarren dann, wenn Sie bei Ihrer ersten Wahl auf eine Zwiebeltür gezeigt haben. Der Moderator ist dann nämlich gezwungen, die andere, die zweite Zwiebeltür zu öffnen. Der Wechsel zur verbleibenden Tür führt Sie zwingend zur Goldbarrentür. Da es zwei Zwiebeltüren gibt, liegt die Chance, mit der ersten Wahl auf eine Zwiebeltür zu zeigen, bei genau zwei Drittel.

Sie haben also eine größere Chance, wenn Sie den Moderator zwingen, die zweite Zwiebeltür zu öffnen und Ihnen damit indirekt einen Tipp für die Goldbarrentür zu geben.

Null und eins

Menschsein bedeutet, die Welt in Kategorien einzuteilen. Farben, Konfektionsgrößen, Hunderassen, Religionen, Krankheiten, Himmelsrichtungen und so weiter und so fort. Selbst in den höchstentwickelten Formen der Rationalität können wir es häufig nicht vermeiden, starke Vereinfachungen und ausgeprägte Vergröberungen vorzunehmen.

Die einfachsten Einteilungen sind die, bei denen es nur um zwei Klassen geht. Gerade oder ungerade, links oder rechts, hell oder dunkel, hart oder weich, groß oder klein, 0 oder 1, Yin oder Yang, ping oder pong.

Wie bitte? Ping oder pong? Was soll das sein?

Das sind künstlich erzeugte Kategorien, die nicht mit einer Bedeutung belegt sind. Sie wurden vom Kunsthistoriker Ernst Gombrich erfunden. Er behauptete, dass wir selbst bei diesen völlig unsinnigen Kategorien keinerlei Schwierigkeiten hätten, die Dinge dieser Welt in eine der beiden Kategorien einzuteilen. Und zwar so, dass es über die allermeisten Dinge bei den allermeisten Menschen einen Konsens gibt.

Sie können das anhand von ein paar Beispielen testen.

Okay. Was ist eine Nadel?

Sicherlich ping. Ebenso ein Stift, ein Stoß, ein Stern, ein Schiffbruch, ein Spaßvogel, ein Störenfried, ein Streitgespräch.

Und was ist ein Elefant?

Wohl eher pong. Ebenso wie ein Löffel, ein Lappen, ein Lampenschirm, ein Laubwald, ein Lesebuch, ein Langweiler.

Stimmen Sie überwiegend zu?

Auch Adjektive können natürlich so eingeteilt werden. Die Farbe Weiß ist ping, Schwarz ist pong. Nass ist ping, trocken ist pong.

Aber was ist dann ping selbst?

Das ist einfach. Ping ist ping. Und pong ist pong. Da gibt es keine Missverständnisse, denken wir. Aber das ist nicht bei jeder Einteilung in Klassen der Fall. Dabei können allerlei Paradoxien auftreten. Nehmen wir zum Beispiel die Einteilung aller Adjektive in die zwei Klassen, die wir mit *autologisch* und *heterologisch* bezeichnen.

Ein Adjektiv ist autologisch, wenn es eine Eigenschaft beschreibt, die es selber besitzt. Das Wort »achtzehnbuchstabig« ist zum Beispiel autologisch, ebenso das Wort »kurz«.

Ein Adjektiv ist heterologisch, wenn es eine Eigenschaft beschreibt, die es nicht selber besitzt. Das Wort »einsilbig« ist heterologisch, ebenso das Wort »lang«.

Ein autologisches Adjektiv besitzt also das Merkmal selbst, ein heterologisches dagegen nicht. So weit ist die Sache klar und einfach.

Aber jetzt. Was ist mit dem Adjektiv »heterologisch«? Was ist, wenn man versucht, dieses Wort einzuordnen? Ist es autologisch oder heterologisch?

Angenommen, das Wort »heterologisch« wäre autologisch, dann beschreibt es gemäß Definition eine Eigenschaft, die es selbst hat. Das steht im Widerspruch zur Annahme heterologisch. Was wiederum ein Widerspruch ist.

Angenommen, das Wort »heterologisch« wäre heterologisch. Dann beschreibt es sich laut Definition nicht selbst und ist im Widerspruch zur Annahme kein heterologisches Wort, sondern autologisch. Das ist auch ein Widerspruch.

Keines von beidem ist also richtig. Eine dritte Möglichkeit gibt es nicht. Wir haben eine handfeste Paradoxie vor uns, die nicht auflösbar ist.

Um wie viel einfacher sind dagegen die Adjektive ping und pong. Da haben wir schon festgestellt, ping ist ping und pong ist pong. Also sind ping und pong beide autologisch. Wenigstens da ist die Welt einfach.

Einfach ist die Welt auch bei der mathematischen Einteilung in gerade und ungerade, wenn es um Zahlen geht. Die Zahlen 0 und 2 und 4 usw. sind gerade. Die Zahlen 1 und 3 und 5 usw. sind ungerade. Die Eigenschaft, ob eine Zahl gerade oder ungerade ist, nennt man die Parität der Zahl. Dieser Begriff hört sich viel komplizierter an als das, was es ist. Gerade und ungerade gehören mit zu den einfachsten Dingen im Denken.

Dennoch und überraschenderweise ist das Prinzip von gerade und ungerade ein ungeheuer mächtiges Denkwerkzeug in vielen Bereichen. Schauen wir uns einmal ein paar Beispiele an, dann verstehen Sie, was wir meinen.

Wir beginnen mit einem Spiel. Nennen wir es die Geldbeutel-Challenge. Bei diesem Spiel treten Sie gegen einen Kontrahenten an. Zwischen Ihnen beiden liegen einige Geldbeutel, gefüllt mit unterschiedlichen Eurobeträgen. Was in jedem Beutel drin ist, ist Ihnen und Ihrem Gegenspieler bekannt. Die Geldbeutel sind von links nach rechts aneinander gereiht, und es handelt sich um eine gerade Anzahl.

Sie und Ihr Gegenspieler dürfen nun immer abwechselnd jeweils einen Beutel nehmen und das Geld darin behalten. Es gibt allerdings eine Bedingung. Jeder darf nur den jeweils letzten Geldbeutel am linken oder am rechten Ende der Reihe nehmen. Jeder kann also wählen, welchen von diesen beiden Beuteln er nehmen möchte.

Angenommen, Sie dürfen beginnen. Können Sie eine Strategie entwickeln, mit der Sie nie weniger Geld ergattern als Ihr Gegner? Ganz gleich, welche Geldbeträge die Geldbeutel enthalten und in welcher Reihenfolge sie angeordnet sind?

Das hört sich nach einem komplizierten Problem an. Und das ist es auch. Nehmen wir deshalb als Einstieg zum Ausprobieren ein konkretes Beispiel. Es geht um sechs Geldbeutel. Sie enthalten die Euro-Beträge 10, 13, 16, 17, 19 und 21 Euro und sind angeordnet wie folgt:

17 19 16 21 10 13

Wer sich Gedanken über mögliche Strategien macht, kommt fast zwangsläufig darauf, immer den Geldbeutel vom Ende der Reihe zu nehmen, der den größeren Geldbetrag enthält. Das erscheint so offensichtlich sinnvoll, dass kaum daran zu rütteln ist.

Betrachten Sie Ihre Anfangssituation. Sie haben die Wahl, 17 Euro von links zu nehmen oder 13 Euro von rechts. Wer würde überhaupt nur einen Gedanken daran vergeuden, bei den 13 Euro zuzugreifen und die 17 Euro zu verschmähen?

Einen Aspekt gibt es da allerdings, der einem zu denken geben könnte. Mit der Wahl, die Sie treffen, können Sie natürlich die Auszahlung für sich selbst im ersten Zug optimieren. Anschließend kann der Mitspieler mit seinem ersten Zug den Geldbetrag für sich optimieren. Doch die Möglichkeiten, die Ihr Mitspieler hat, hängen von Ihrem ersten Zug ab.

Haben Sie, wie erwähnt, die 17 Euro von links genommen, eröffnen Sie damit Ihrem Gegner die Möglichkeit, mit seinem ersten Zug 19 Euro einzuheimsen. Hätten Sie in Ihrem ersten Zug die 13 Euro von rechts genommen, wäre dieses hübsche Sümmchen von 19 Euro für Ihren Kontrahenten blockiert gewesen.

Sie hätten also bei Ihrem ersten Zug taktisch spielen können, indem Sie statt 17 nur 13 Euro nehmen, um Ihrem Konkurrenten die 19 Euro zu verwehren. Genauso kann natürlich auch Ihr Gegenüber strategisch spielen, indem er sich fragt, welche Zugriffsmöglichkeiten er Ihnen durch seinen Zug ermöglicht oder verbaut. Es könnte also durchaus sein, dass es langfristig nicht das Schlaueste ist, einfach und gedankenlos den größeren der beiden Beträge zu nehmen.

Denn dieses Spiel ist eine Art von Schach. Hier wie dort wird nicht einfach der Zug gemacht, der für den Moment den größten Vorteil bringt. Das wäre kurzsichtig. Hier wie dort stellen wir Überlegungen über unseren Mitspieler an. Wenn ich das mache, was macht er dann? Was mache ich danach? Und er? Bleibt am Ende die Frage, für wen die gesamte Zugabfolge vorteilhaft ist.

Um seine Strategie zu planen, hat jeder Spieler bei jedem Zug nur zwei Zugmöglichkeiten. Zur Optimierung seiner Spielweise muss er von der Anfangsstellung aus nur drei eigene und drei gegnerische Züge in die Zukunft denken. Dann sind alle Geldbeutel verteilt, das Spiel ist zu Ende, das Geld ist ausgespielt. Der Gewinner, der den Löwenanteil des Geldes einstreicht, steht fest. Insofern ist das Spiel eine sehr schöne Metapher für das ungleich kompliziertere Schachspiel, bei dem es in einer typischen Situation 30 Zugmöglichkeiten gibt und eine Partie im Schnitt 40 Züge dauert.

Wir hoffen, damit verdeutlicht zu haben, dass die Geldbeutel-Challenge bei Weitem nicht so einfach ist, wie es auf den ersten Blick erscheint.

Obwohl jeder Zug Auswirkungen auf spätere Züge hat, könnte es natürlich trotzdem sein, dass die lapidare Strategie »Immer den größeren Betrag nehmen« optimal für Sie als Erstziehenden und auch für Ihren Gegner als Zweitziehenden ist. Nennen wir diese Strategie *Raffzahn* und spielen einmal durch.

Ihr erster Zug besteht darin, den Beutel mit 17 Euro von links zu nehmen. Ihrem Mitspieler zeigt sich dann diese Situation:

19 16 21 10 13

Er greift bei 19 Euro zu. Bleiben vier Geldbeträge.

16 21 10 13

Raffzahn zufolge nehmen Sie im zweiten Zug 16 Euro. Bleiben drei Möglichkeiten.

21 10 13

Davon greift Ihr Gegner die 21 Euro ab, bleiben zwei Beträge.

10 13

Jetzt streichen Sie natürlich die 13 Euro ein, und Ihr Gegenüber bekommt die 10 Euro.

Insgesamt haben Sie

$$17 + 16 + 13 = 46 \text{ Euro}$$

erbeutet. Doch Ihr Gegenspieler steht mit

$$19 + 21 + 10 = 50 \text{ Euro}$$

besser da.

Das scheint widersinnig, denn immerhin hatten Sie den ersten Zugriff und haben an jeder Stelle die bestmögliche Wahl getroffen und den größeren der beiden Beträge gewählt. Dennoch haben Sie offenkundig den Kürzeren gezogen.

Der Grund besteht darin, dass Sie ohne Tiefgang gespielt haben. Ohne die Folgen zu bedenken, haben Sie einen Ansatz gewählt, den man in der Mathematik als *Gierige Strategie* bezeichnet, also bei jedem Zug alle zur Verfügung stehenden Optionen anschauen und dann die in diesem Moment beste zu nehmen.

Raffzahn ist im mathematischen Slang ein solch gieriger Algorithmus. Gierige Strategien sind in vielen Fällen nicht schlecht. Und in manchen sind sie mathematisch beweisbar sogar optimal. Doch nicht bei unserer Geldbeutel-Challenge. Denn da ist für das beste Ergebnis ein Mitdenken der Zukunft erforderlich.

Es ist ein bisschen so wie in der Parabel *Der Garten der sich gabelnden Wege* des argentinischen Autors Jorge Luis Borges. In der Gegenwart gabeln sich die Möglichkeiten für das Beschreiten der Zukunft bei jedem Schritt. Also in unserem Spiel bei jedem Zug. Wo man am Ende herauskommt, also in unserem Beispiel nach den drei Zügen beider Spieler, beruht darauf, welche Entscheidung man an jeder Gabelung getroffen hat.

Im Leben liegt die Zukunft hinter einem Schleier und materialisiert sich Schritt für Schritt nach jeder in der Gegenwart getroffenen Entscheidung. Insofern ist es im Prinzip günstiger, das Spiel vom Ende her zu durchdenken. Also sich zuerst zu überlegen, wo man in der Zukunft am liebsten ankommen möchte. Und dann schrittweise von dort zurück bis in die Gegenwart zu gehen, um festzustellen, welche Weichen an den einzelnen Stationen gestellt werden müssen, um den Ort anzusteuern, den man sich für die Zukunft ausgeguckt hat. In der Mathematik heißt diese Vorgehensweise *rückschreitende Induktion*.

In unserer Geldbeutel-Challenge ist, genauso wie im normalen Schach, die Zukunft voraussehbar. Weil ich weiß, welche Optionen mein Mitspieler hat, wenn ich im ersten Zug dies oder jenes mache. Und auch alle folgenden Optionen von mir und meinem Mitspieler kenne. In der Sprache der Mathematik ist das ein Zwei-Personen-Spiel mit vollständiger Information.

Eine kurze Bestandsaufnahme. Was wissen wir an diesem Punkt? Nun, wir wissen, dass Sie mit der anfangs als unfehlbar eingeschätzten Vorgehensweise den Kürzeren gezogen haben, mit 46 gegen 50 Euro. Es könnte natürlich sein, dass es nicht besser geht. Dass die gegebene Reihung der Geldbeträge von 17 über 19 bis hin zu 13 Euro dermaßen ungünstig für Sie ist, dass 46 Euro noch das Beste ist, was Sie unter diesen Umständen herausholen können.

Oder gibt es eine bessere Vorgehensweise? Ja, die gibt es tatsächlich. Sogar eine unverlierbare Strategie. Wenn Sie die umsetzen, werden Sie nie eine Schlappe erleiden. Sie ist clever und trotzdem simpel.

Simpel sind auch die Vorbereitungen, die Sie treffen müssen, um die Strategie umzusetzen. Dafür reicht es, wenn Sie die Geldbeutel abwechselnd als »gerade (G)« und »ungerade (U)« einteilen. Fangen Sie zum Beispiel links an, dann wären die Beutel mit den Inhalten 17, 16 und 10 Euro allesamt gerade. Und die Beutel mit 19, 21 und 13 Euro wären ungerade. Der Beutel ganz links wäre also »gerade«, und der Beutel ganz rechts wäre »ungerade«.

17(G) 19(U) 16(G) 21(U) 10(G) 13(U)

Dann zählen Sie den Wert der als gerade bezeichneten Beutel zusammen sowie auch den der als ungerade bezeichneten Beutel. Und Sie schauen, welche der Summen größer ist, gerade oder ungerade. Angenommen, es ist insgesamt mehr Geld in den geraden Beuteln. Dann ist es für Sie günstig, alle diese geraden Beutel irgendwie zu bekommen und Ihrem Gegenüber die ungeraden Beutel aufzuzwingen.

Das ist tatsächlich möglich. Der Spieler, der die erste Wahl hat, also Sie, kann den anderen daran hindern, einen der geraden Beutel zu bekommen. In der Ausgangssituation müssen Sie den geraden Beutel ganz links wählen. Dann hat Ihr Gegenspieler nur die Wahl zwischen zwei ungeraden Beuteln. Ganz gleichgültig, welchen der beiden er wählt, eröffnet Ihnen das wieder die Möglichkeit, einen geraden Beutel zu wählen. Mit dieser Wahl werden wieder alle geraden Beutel blockiert. Und so weiter. Ihr Gegner wird keinen geraden Stich machen können.

Was ist, wenn sich bei Ihrer anfänglichen Kalkulation die Summe der Geldbeträge in den ungeraden Beuteln als größer erweist?

Auch kein Problem. Das Glück ist Ihnen nämlich wirklich hold bei diesem Spiel. In dem Fall können Sie nämlich dafür sorgen, dass Sie alle ungeraden Beutel bekommen und Ihr, nun, man könnte sagen: Ihr wirklich arg gebeutelter Gegner wird, obwohl er es diesmal gar nicht will, auf allen geraden Beuteln sitzen bleiben. Sie können das dadurch realisieren, dass Sie im ersten Zug beim ungeraden Beutel ganz rechts zugreifen. Dann sind gleichzeitig alle ungeraden Beutel für Ihren Gegner versperrt. Nennen wir das die Paritäts-Strategie.

Und diese Strategie wollen wir nun umsetzen.

Die Einteilung in gerade und ungerade Beutel hatten wir oben schon vorgenommen, beginnend ganz links mit dem geraden 17-Euro-Beutel. Die geraden Beutel 17, 16, 10 enthalten insgesamt 43 Euro. Die ungeraden Beutel 19, 21, 13 enthalten insgesamt 53 Euro. Das ist eindeutig mehr.

Also werden Sie die Strategie wählen, die Ihnen alle Geldbeträge in den ungeraden Beuteln sichert. Sie nehmen demnach zuerst die 13 Euro ganz rechts. Ja, wirklich. Obwohl das überraschend ist, weil Sie die 17 Euro von ganz links als den größeren Betrag verschmähen.

Das ist zwar kurzfristig eine Einbuße, langfristig können Sie jedoch absolut sicher sein, dass Sie bei konsequentem Umsetzen der Paritäts-Strategie am Ende des Spiels bei 53 Euro rauskommen. Denn mit diesem Endziel ist die Strategie ja schließlich entworfen worden.

Okay, gehen wir Schritt für Schritt vor. Nach Ihrem ersten Zug sieht die Situation für Ihr Gegenüber so aus:

$$17(G) \ 19(U) \ 16(G) \ 21(U) \ 10(G)$$

Davon nimmt er den geraden Beutel mit 17 Euro, womit er zwischenzeitlich die Führung übernimmt. Jetzt zeigt sich Ihnen dieses Bild:

$$19(U) \ 16(G) \ 21(U) \ 10(G)$$

Sie greifen bei der 19 zu. Für Ihren Gegner bleibt:

$$16(G) \ 21(U) \ 10(G)$$

Egal was ihr Gegner jetzt macht, Sie streichen als Nächstes die 21 Euro ein. Das bringt Sie auf den berechneten Gesamtbetrag von 53 Euro.

Es lohnt sich, noch etwas über dieses Spiel zu reflektieren. Sie können sich mit der Paritäts-Strategie immer den größeren der beiden Beträge sichern und so den Löwenanteil davontragen. Sind die Summen in den geraden und den ungeraden Beuteln gleich, so teilen Sie sich die Gesamtsumme mit Ihrem Mitspieler. Dann bekommt jeder gleich viel. Sie können dieses Spiel also nie verlieren. Ganz egal, welche Geldbeträge in den Beuteln stecken, und ganz egal, in welcher Reihenfolge sie angeordnet sind. Sie könnten selbst dann nicht verlieren, wenn Ihrem Gegner erlaubt würde, die Beutel mit Geld neu zu bestücken und deren Reihenfolge anders festzulegen. Selbst dann ist das Beste, was er gegen Sie mit Ihrer cleveren Strategie erreichen kann, ein Unentschieden.

Ein faszinierendes Beispiel für die Power des Gerade/Ungerade-Prinzips.

Noch eine schöne Geschichte zu diesem Prinzip, die Ihnen bestimmt gefällt. Einer von uns Autoren hat sie von einer Kollegin gehört. Und schöne Dinge sollte man weitergeben.

Schneewittchen kümmert sich ganz wunderbar um ihre sieben Zwerge. Wie man weiß, arbeiten die sehr hart im Bergbau. Schneewittchen achtet darauf, dass sie schlau bleiben, indem sie auch ihren Kopf trainieren. Deshalb gibt's jedes Wochenende eine Denkaufgabe, die sie als Team lösen müssen.

Es war einmal, da sprach Schneewittchen zu den Zwergen wie folgt: »Heute habe ich eine besondere Aufgabe für euch. Dazu müsst ihr euch hintereinander aufstellen. Anschließend setze ich jedem verdeckt eine weiße oder eine schwarze Mütze auf. Dabei kann ich sowohl die Reihenfolge als auch die Anzahl der schwarzen und weißen Mützen beliebig bestimmen. Ihr könnt natürlich nur die Mützen der Zwerge sehen, die vor euch stehen, nicht aber von jenen hinter euch. Und eure eigene Mütze natürlich auch nicht. Dann frage ich jeden, welche Farbe seine eigene Mütze hat. Und zwar nacheinander, wobei ich mit dem Letzten ganz hinten anfange, der alle Mützen außer seiner eigenen sieht. Jeder von euch darf nur *Schwarz* oder *Weiß* sagen, sonst nichts. Ihr könnt euch eine Viertelstunde beraten. Findet eine Strategie, mit der mir möglichst viele von euch ihre richtige Mützenfarbe sagen.«

Die Zwerge besprechen sich. Die erste Idee findet sich schnell. Der Zwerg ganz hinten, der als Erster nach seiner Mütze befragt wird, soll nicht einfach nur raten, sondern die Farbe der Mütze des Zwerges vor ihm nennen. Dann hat der Erste selbst zwar nur eine Chance von 50:50. Doch der Zwerg direkt vor ihm weiß über seine Mützenfarbe Bescheid.

In derselben Weise sollen die nächsten beiden Zwergen-Paare vorgehen. Der Hintermann nennt die Mützenfarbe seines Vordermanns, der damit die Information hat, die er braucht. Mit dieser Strategie können drei Zwerge die richtige Antwort geben, und die anderen vier Zwerge haben immerhin eine Chance von 50 Prozent. Das ist doch eigentlich nicht schlecht, nach Lage der Dinge.

Schneewittchen, die den Verlauf der Diskussion bei den Zwergen verfolgt, zeigt sich nicht ganz zufrieden.

Dann hat der Zwergen-Chef Doc eine Idee, die Schneewittchens Augen zum Leuchten bringt. Der Zwerg, der zuerst antworten muss, soll als Mützenfarbe Weiß angeben, wenn er eine *gerade* Anzahl von weißen Mützen bei den sechs Zwergen vor sich sieht. Dann hat er selbst wieder eine Chance von 50 Prozent, aber alle anderen Zwerge können mit etwas Nachdenken und bei genauer Beachtung der Antworten ihrer Vorgänger ihre Mützenfarbe nach dem Paritäts-Prinzip ausrechnen.

Sagt zum Beispiel der Zwerg ganz hinten Weiß, dann tragen von den sechs Zwergen vor ihm entweder zwei oder vier oder sechs weiße Mützen. Sieht nun der Zwerg direkt vor dem hinteren auch eine gerade Zahl von weißen Mützen auf den Köpfen der fünf Zwerge vor ihm, dann folgert er, dass seine eigene Mütze schwarz sein muss. Sieht er dagegen eine oder drei oder fünf weiße Mützen vor sich, dann hat er selbst eine weiße Mütze auf. So ermittelt er seine Antwort, die auch richtig ist.

Aus der Antwort dieses zweiten Zwerges kann nun wiederum der dritte Zwerg von hinten, der noch vier Kollegen vor sich hat, ebenfalls messerscharfe Schlüsse ziehen. Hat nämlich der Zwerg hinter ihm eben Weiß gesagt, bedeutet es für den drittletzten Zwerg, dass von den fünf Mützen, die er und die Zwerge vor ihm tragen, eine oder drei oder fünf weiß sind. Sieht er also eine ungerade Zahl weißer Mützen vor sich, dann hat er selbst eine schwarze Mütze auf. Sieht er nur keine oder zwei oder vier weiße Mützen, dann trägt er eine weiße. Und so geht es weiter, Schritt für Schritt. Oder besser, Mütze für Mütze.

Was ist das Ergebnis?

Nun, sechs Zwerge können ihre Mützenfarbe auf jeden Fall richtig nennen. Und der Allererste hat noch eine Chance von 50 Prozent. Das ist die ultimative Strategie. Besser geht's nicht. Schneewittchen ist stolz auf ihre Zwerge.

Das war nicht nur märchenhaft, sondern geradezu zauberhaft, wie die Zwerge das Mützen-Problem mit dem Gerade/Ungerade-Prinzip gelöst haben.

Und zauberhaft soll es weitergehen. Mit einem hübschen Zaubertrick, der auf demselben Prinzip beruht.

Wenn Sie wollen, können Sie bei diesem Trick der Zauberer sein. Zuallererst benötigen Sie jemanden, den Sie bezaubern können. Nennen wir ihn einfach den Zuschauer. Der darf aber nicht nur zuschauen, sondern muss auch ein paar Dinge machen. Insofern ist es ein Zaubertrick mit Zuschauerbeteiligung.

Am Anfang bitten Sie den Zuschauer, ein paar Münzen, etwa sechs oder sieben, auf den Tisch zu legen, einige mit der Kopf-, andere mit der Zahlseite nach oben. Dann wenden Sie sich ab, und der Zuschauer darf nun beliebig oft beliebig gewählte Münzen auf die andere Seite drehen, durchaus mehrere und durchaus auch mehrmals. Immer, wenn er eine Münze dreht, soll der Zuschauer »drehen« sagen. Ist er fertig, soll er eine Münze mit der Hand verdecken.

Erst jetzt wenden Sie sich wieder dem Zuschauer zu. Sie schauen die Münzen kurz an und können sofort sagen, ob die vom Zuschauer verdeckte Münze Kopf oder Zahl zeigt.

Der Trick ist einfach. Wenn die Münzen auf dem Tisch liegen, bevor Sie sich abwenden, werfen Sie einen Blick darauf und schauen, wie viele Kopf zeigen. Sie brauchen sich nur zu merken, ob die Anzahl der Kopfmünzen gerade oder ungerade ist. Das ist die Parität zu Anfang, also gerade oder ungerade. Und diese Anfangs-Parität bleibt erhalten, wenn Ihr Mitspieler eine *gerade* Anzahl von Münzen umdreht, ganz gleich, welche das sind. Wird eine *ungerade* Anzahl von Drehungen vorgenommen, ändert sich die Parität. Also entweder von gerade nach ungerade oder umgekehrt.

Wenn also die Parität anfangs *gerade* war und Ihr Mitmach-Zuschauer siebzehnmal »drehen« gesagt hat, ist die Parität am Ende *ungerade*. Das bedeutet, die Anzahl der Kopf-Münzen ist *ungerade*. Aus der Parität der sichtbaren Kopfmünzen können Sie auf die verdeckte Münze schließen. Sehen Sie eine *ungerade* Anzahl von Kopfmünzen, ist die verdeckte Münze eine Zahl-Münze. Sehen Sie eine *gerade* Anzahl, zeigt die verdeckte Münze Kopf. Das war's. Die Magie des Paritäts-Prinzips.

Und nun wenden wir uns der hohen Schule des Prinzips von gerade und ungerade zu. Wir lösen ein eigentlich unlösbares Problem, ein Schachproblem, das absolut unlösbar wirkt. Und in der Tat wäre es auch ganz und gar unlösbar, wenn es dieses außerordentlich schlichte Prinzip von gerade und ungerade nicht gäbe. Sie fragen sich jetzt vielleicht, was das überhaupt mit Schach zu tun hat. Und wie man damit Schachprobleme lösen kann.

Dann lassen Sie uns das doch gemeinsam anschauen.

Das Problem bezieht sich auf die Position auf dem Brett in der Abbildung. Das ist natürlich keine Stellung, die in einer echten Partie zwischen zwei Spielern vorgekommen ist, sondern wurde von dem bekannten Problem-Komponisten Turco erdacht.

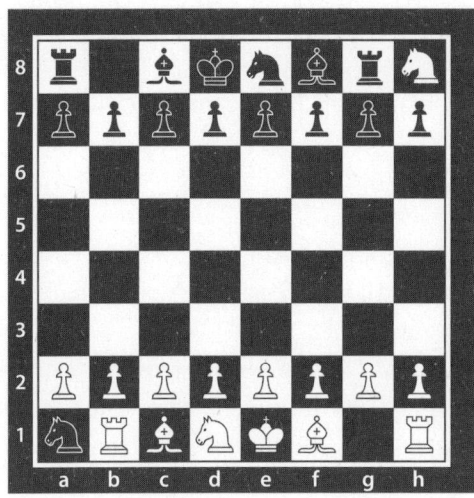

Schachbrett J.-L. Turco, 1983

Wer gewinnt? Eine faszinierende, unscheinbare Frage aus zwei Worten. Faszinierend deshalb, weil sie überraschend leicht zu beantworten scheint.

Ja, wer gewinnt aus dieser Stellung heraus?

Schauen Sie sich die weißen Figuren an. Überlegen Sie, ob Sie Schwarz matt setzen können. Schnell wird klar, dass das ganz leicht ist. Nämlich, indem der weiße Springer in der oberen, rechten Brettecke den einzigen Bauern schlägt, den er schlagen kann. Tut er das, bietet er dem schwarzen König Schach. Der steht dann nicht nur im Schach, sondern ist matt. Ersticktes Matt – der König kann sich nicht bewegen und erliegt dem Angriff des weißen Springers.

Also Weiß gewinnt? Nicht so schnell!

Schauen wir uns vorsichtshalber noch an, ob die schwarzen Figuren eventuell Weiß auch matt setzen können. Ja, das können sie. Und zwar ebenfalls mit einem einzigen Zug, wenn der schwarze Springer in der linken, unteren Ecke den einzigen weißen Bauern schlägt, den er schlagen kann. Dann ist der weiße König matt.

Jede Seite, Weiß und Schwarz, kann demnach mit nur einem

Zug die Stellung zum Sieg führen. Hm, was bedeutet das denn jetzt?

Es bedeutet, wer gewinnt, hängt einzig und allein davon ab, wer gerade am Zug ist.

Das ist jetzt klar, oder?

Und wer ist am Zug?

Das ist nicht klar. Denn dazu wird vom Problem-Komponisten keine Angabe gemacht. Offensichtlich ist es Teil des Problems, genau das herauszufinden.

Wie soll das gehen? Dazu müssten wir wohl herausbekommen, wie oft beide Seiten gezogen haben. Wenn zum Beispiel Weiß 21 Züge gemacht hat und Schwarz nur 20, dann wäre Schwarz am Zug.

Okay, das leuchtet ein.

Doch das ist unmöglich herauszufinden. Immerhin sind alle vier Springer auf dem Brett. Wer kann schon wissen, wie oft die gezogen haben?

Das stimmt. Es lässt sich tatsächlich nicht feststellen, wie viele Züge in der Brettstellung geschehen sind. Zum Glück ist das aber auch nicht nötig. So viel müssen wir nicht wissen, um zu entscheiden, wer in der Brettstellung momentan das Zugrecht hat. Es reicht vollkommen aus, wenn wir irgendwie ermitteln, ob es bei Weiß und Schwarz bislang eine *gerade* oder eine *ungerade* Anzahl von Zügen gab.

Warum reicht das? Einfach deshalb, weil Weiß ganz am Anfang den allerersten Zug gemacht hat. Haben Weiß und Schwarz jeweils eine gerade Zahl von Zügen gemacht oder beide eine ungerade Zahl, dann wäre Weiß am Zug.

Hätte eine Seite dagegen eine gerade Anzahl von Zügen gemacht und der Gegner eine ungerade, dann wäre Schwarz am Drücker. Denn dann hätte Weiß zuletzt mit einem Zug die Gesamtzahl seiner Züge gegenüber Schwarz um einen erhöht. Andersherum geht es nicht, weil Weiß, wie erwähnt, jede Partie beginnt.

Schon sind wir wieder beim Paritäts-Thema. Bei gleicher Parität der Zugzahlen beider Seiten ist Weiß am Zug, bei ungleicher Parität Schwarz.

Schauen wir uns daraufhin die Positionen der weißen Figuren an. Die weiße Dame muss auf ihrem Anfangsfeld geschlagen worden sein, weil sie wegen der Blockade durch eigene Figuren gar keinen Zug hat machen können. Halten wir das fest. Null Züge ist eine gerade Anzahl von Zügen.

Wie ist es mit dem weißen Turm in der rechten unteren Ecke?

Er hat entweder gar nicht gezogen, oder er hat einmal oder mehrmals einen Schritt nach links gemacht und dann wieder zurück. Also null oder zwei oder vier usw. Züge. Jedenfalls eine gerade Anzahl.

Der andere weiße Turm hat entweder einen Zug gemacht, oder er ist zusätzlich einmal oder mehrmals hin- und hergewandert, bevor der schwarze Springer in die untere linke Ecke zog. Wir notieren eine ungerade Anzahl von Zügen für diesen Turm.

Prima so weit. Wir haben einen Lauf.

Und weiter geht's mit der Buchführung für die weißen Springer. Die ist ein bisschen subtiler. In der Anfangsstellung der Partie stehen diese beiden Springer auf Feldern unterschiedlicher Farbe. Bei den schwarzen Springern ist das genauso. Das ist das eine. Als Zweites ist zu bedenken, dass bei jedem Zug jeder Springer die Farbe seines Standfeldes ändert. Von Weiß nach Schwarz oder umgekehrt.

Da die beiden weißen Springer aktuell auf Feldern unterschiedlicher Farbe stehen, bedeutet dies, dass beide zusammen eine gerade Anzahl von Zügen absolviert haben. Das können zum Beispiel 20 oder 24 oder 36 Züge gewesen sein, aber garantiert nicht 21.

Schließlich bleibt noch der weiße König. Der hat entweder gar nicht gezogen oder durch Hin- und Herziehen zwischen Standfeld und linkem Nachbarfeld eine gerade Anzahl von Zügen absolviert, bevor das Nachbarfeld links vom Springer besetzt wurde.

In der Bilanz ergibt sich für die Streitmacht der weißen Figuren viermal eine gerade Anzahl plus einmal eine ungerade Anzahl von Zügen. Demnach in der Summe eine ungerade Zahl.

Puh, das wäre geschafft.

Der zweite Teil der Aufgabe geht schneller. Denn auf die schwarzen Figuren lassen sich dieselben Überlegungen in genau gleicher Weise anwenden. Außer, dass es beim schwarzen König einen Tick anders ist als beim weißen. Der schwarze König hat eine ungerade Anzahl von Zügen gemacht. Deshalb bringen alle schwarzen Figuren es zusammen auf eine gerade Anzahl.

Damit ist die Hauptleistung erbracht. Die Paritäten der Zugzahlen beider Seiten sind verschieden. Deshalb ist Schwarz am Zug.

Schwarz ist es, der mit seinem Springerzug die Partie für sich entscheidet.

Bravo! Und Applaus, wenn möglich. Für das einfache Paritäts-Prinzip.

Nur Bares ist Wahres?

Eine Ära neigt sich zu Ende, die Ära des Bargelds. Seit Jahrtausenden bezahlen wir mit Münzen. Die ersten Metallscheiben, die vermutlich als Zahlungsmittel verwendet wurden, sind rund 4000 Jahre alt. Es sind Bronzetaler aus dem Mittelmeerraum, auf denen Haustiere dargestellt sind.

Die nachweislich ersten echten Münzen wurden um das Jahr 650 v. Chr. in Kleinasien gehandelt. In Griechenland etablierte sich das Münz-Bezahlsystem um 400 v. Chr., und im Römischen Reich waren geprägte Münzen aus dem Alltag nicht mehr wegzudenken. Allen voran die Sesterzen, die wir auch von *Asterix und Obelix* kennen.

Geld in Form von Münzen ersetzte nach und nach den althergebrachten Tauschhandel und ermöglichte im Grunde erst die Blütezeit großer Staatsgebilde wie des Römischen Reiches. Denn die Tausenden von Bediensteten im Staatsapparat hätten beispielsweise in einer Gesellschaft, die mittels Tauschgeschäften funktioniert, nicht bezahlt werden können.

Und heute? Gerade wir Deutschen halten überwiegend am Bargeld fest und können uns scheinbar nur mühsam mit dem Gedanken anfreunden, bargeldlos per Karte oder mobil mit dem Smartphone zu bezahlen. Andere Länder sind da wesentlich weiter.

Schon Ende des 19. Jahrhunderts führten amerikanische Hoteliers Kreditkarten ein und ließen die USA zum Kreditkarten-Land Nummer 1 werden. Nicht immer zum Vorteil der Bevölkerung, denn viele Amerikaner sind wegen ihrer Kreditkarten bis über beide Ohren verschuldet. Doch die Zukunft liegt nicht im Plastikgeld, sondern in mobilen, bargeldlosen Bezahlsystemen.

Die gab es übrigens auch schon bei den alten Römern, in Form von Kreditbriefen. Diese garantierten, dass der Handel kreuz und quer übers Mittelmeer problemlos funktionierte. Aber das nur am Rande …

Zurück zur heutigen Zeit des mobilen Bezahlens. Wer hat's erfunden? Nein, nicht die Schweizer und auch nicht die Skandinavier, die normalerweise in puncto Digitalisierung ganz weit vorn liegen. Das erste Land, in dem mobiles Bezahlen per Handy eingeführt wurde, war Kenia. Dank der unglaublich schnellen Einführung von Handys und einer sehr guten Netzabdeckung in Afrika wurde bereits 2005 das Handy-Bezahlsystem M-Pesa in Kenia entwickelt, getestet und 2007 offiziell eingeführt. Schon vier Jahre später, also 2011, nutzten 80 Prozent der Mobilfunkkunden Kenias diese Möglichkeit zur Überweisung von Geld und zum Bezahlen von Rechnungen. Da wurden die Europäer gerade erst wach!

2012 schlossen sich in Schweden mehrere Banken zusammen und brachten die App *Swish* heraus. Wer am Strand ein Eis kaufen möchte, benötigt nur die Handynummer des Eisverkäufers, die groß am Eiswagen angeschrieben ist. Schwups, innerhalb weniger Sekunden ist das Geld für die Eiskugel beim Händler. Selbst die Kollekte in der Kirche kann in Schweden über *Swish* bezahlt werden.

Oder Dänemark: Wer als deutscher Tourist im Supermarkt in Kopenhagen Bargeld auf den Tisch legt, darf sich nicht wundern, wenn kein Kleingeld mehr als Wechselgeld herausgegeben wird. Damit ist der Bargeldkurs schlechter als der Kurs beim bargeldlosen Bezahlen.

Nach und nach, so scheint es, werden wir uns vom Bargeld verabschieden müssen. Kryptowährungen wie *Bitcoin* oder digitale Währungen wie *Libra* von Facebook können zusätzliche Beschleuniger der Digitalisierung im Zahlungswesen sein. Bevor es so weit ist, möchten wir aus mathematischer Sicht ein

Plädoyer für ein kleines Rechenexempel halten, das unsere Kinder in vielleicht schon wenigen Jahren nicht mehr nachvollziehen können.

Das mathematische Problem ist ein zutiefst menschliches und hat so oder so jeden schon einmal gestört. Das Portemonnaie ist vom vielen Münzgeld zu dick. Doch wie es sich für ein mathematisches Problem gehört, gibt es dafür eine Lösung.

Wie konnte es zu den vielen Münzen kommen? Das hat natürlich mit den vielen Euro-Münzen zu tun. Davon gibt es exakt acht Stück, von der Ein-Cent-Münze bis zur Zwei-Euro-Münze. Die Stückelung der Münzen ist eine Ursache, das Preisgefüge der Waren die zweite. Es geht um die Tatsache, dass viele Waren eher 9,95 Euro kosten anstatt 10 Euro.

Laut einer mathematischen Studie zur Reduktion der Münzmenge fallen beim Bezahlen mit Geldscheinen im Durchschnitt 4,6 Münzen an Wechselgeld an. Das ist eindeutig zu viel für den gesunden Mathematikerverstand, der ständig auf der Suche nach Vereinfachungen und Optimierungen ist.

Wie so oft in der Mathematik spielt auch hier eine Primzahl eine wichtige Rolle bei der Lösung des Problems, die 137. Das ist vielleicht nicht die schönste Primzahl, aber durchaus hilfreich, wenn es um die Frage geht, wie wir das Gewicht unserer Geldbörsen verringern können.

Der Mathematiker Jeffrey Shallit stellte sich die Frage, ob durch Einführung einer weiteren, einer neunten Münze das viele Wechselgeld reduziert werden könnte.

Und siehe da: Mit der etwas ungewöhnlichen 137-Cent-Münze ließe sich das Problem lösen. Mit ihr könnte im Schnitt das Wechselgeld auf 3,9 Münzen reduziert werden.

Wir gehen übrigens davon aus, dass die Menschheit bis zur Einführung einer 137-Cent-Münze den Mond und wahrscheinlich auch schon den Mars besiedelt hat. Ganz abgesehen davon, dass wir in Zukunft nicht einmal mehr ein Portemonnaie für Kreditkarten benötigen werden.

Der Schlüssel zur Geheimzahl

Wir leben im Zeitalter von Big Data. Jeder von uns erzeugt, benutzt und hinterlässt ständig Daten. Viele dieser Daten sollten unbedingt geheim bleiben. Etwa unsere PIN-Nummer, mit der wir uns Geld aus einem Bankautomaten besorgen. Auch in vielen anderen Fällen, wenn es etwa um medizinische oder finanzielle Daten geht, besteht ein Interesse an Geheimhaltung.

Geheimhaltung wird meist dadurch erreicht, dass Daten verschlüsselt werden. Wenn die Informationen, die sie enthalten, irgendwann wieder benötigt werden, müssen sie entschlüsselt werden. Oft von einer anderen Person, an einem anderen Ort, zu einer anderen Zeit, mit anderem Informationsstand. Doch jedenfalls mit exakt demselben Schlüssel, der für ihre Verschlüsselung eingesetzt wurde.

Die Standardsituation besteht also darin, dass eine Person, nennen wir sie Anne, die Daten verschlüsselt, dann die verschlüsselten Daten jemand anderem zukommen lässt, nennen wir ihn Bert, der sie sich bei Bedarf entschlüsselt. Bei der Übertragung der verschlüsselten Daten an Bert sollte durchaus damit gerechnet werden, dass ein Fremder die verschlüsselten Daten ausspioniert. Deshalb muss die Verschlüsselung so gut sein, dass der Code nicht geknackt werden kann.

In der heutigen Zeit ist die Verschlüsselung von Daten ein komplizierter mathematischer Vorgang. Er soll ja Sicherheit gewährleisten gegen alle noch so intelligenten Codeknacker. Es gibt zahllose Verschlüsselungsverfahren. Tatsächlich gibt es die Bemühungen, Zahlen und Texte aller Art zu verschlüsseln, so lange, wie es Daten gibt. Schon immer waren manche Informationen nicht für alle bestimmt und wurden deshalb so aufbereitet, dass sie nicht von jedem verstanden werden konnten.

Wenn Anne für Bert etwas verschlüsselt, dann ist die konkrete Verschlüsselung nur ein Problem. Ein zweites Problem besteht darin, dass Bert irgendwann erfahren muss, wie Anne die Daten verschlüsselt hat. Um im Bild zu bleiben: Bert muss wissen, welchen Schlüssel Anne verwendet hat. Denn diesen Schlüssel braucht Bert, um die Verschlüsselung wieder rückgängig zu machen und die Daten zu entschlüsseln.

Bei der symmetrischen Verschlüsselung werden Ver- und Entschlüsselung mit ein und demselben Schlüssel vorgenommen. Einen Schlüssel kann man sich bei modernen mathematischen Verschlüsselungen als eine Geheimzahl vorstellen, mit der ein Versender aus seinem Klartext einen Geheimtext macht und ein Empfänger aus dem Geheimtext wieder den Klartext.

Der kritische Punkt dieser Verfahren besteht darin, dass sie nur dann wirklich sicher sind, wenn der Schlüssel sicher ist. Dieser Schlüssel muss zu Beginn beiden Partnern vorliegen, also irgendwann geheim übertragen oder geheim erzeugt worden sein. Dieses notwendige Vorspiel zur Ver- und Entschlüsselung heißt Schlüsselaustausch.

Für den Schlüsselaustausch gibt es das unter Codierern berühmte Verfahren von Diffie und Hellman. Es wurde 1976 von den beiden US-amerikanischen Wissenschaftlern Whitfield Diffie und Martin Hellman veröffentlicht. Erst in den 1990er-Jahren wurde bekannt, dass bereits drei Jahre vor der Veröffentlichung durch Diffie und Hellman einige Codeknacker des britischen Geheimdienstes GCHQ dieselbe Idee entwickelt hatten.

Das Schlüsselproblem tritt natürlich generell auf, nicht nur in der geheimen Kommunikation, sondern auch beim sicheren Verschicken anderer Objekte. Also immer dann, wenn unsere Anne ihrem Bert etwas Wertvolles zukommen lassen will. Das muss nicht unbedingt eine Geheimzahl, sondern könnte auch ein Diamantring sein.

Lassen Sie uns das Problem für einen Moment aus diesem Blickwinkel betrachten, also nicht auf der Datenebene. Nehmen wir an, Anne hat eine kleine Schatulle, die sie mit einem Vorhänge-schloss verschließen und öffnen kann. Und auch Bert hat ein eigenes Vorhängeschloss mit eigenem Schlüssel. Wie kann Anne auf sichere Weise ihren Ring in der Schatulle an Bert schicken?

Das Dilemma liegt auf der Hand. Wenn Anne den Ring in der mit ihrem Schloss gesicherten Schatulle verschickt, braucht Bert den Schlüssel von Anne, um die Schatulle zu öffnen. Sie kann natürlich nicht den Schlüssel einfach so – damit meinen wir: un-gesichert – an Bert schicken. Das wäre zu riskant.

Erst recht kann Anne die Schatulle mit Ring nicht ungesichert versenden, denn jeder Bösewicht kann dann entweder nur die unverschlossene Schatulle oder beides abfangen – die verschlos-sene Box und den Schlüssel für das Schloss an der Box. Alles ziemlich ungut für unsere Freunde Anne und Bert.

Das Problem wird dringlicher: Wie kann Anne den Ring auf si-chere Weise zu Bert bekommen, selbst wenn der Austausch zwi-schen beiden belauscht und unsicher Versandtes abgefangen werden kann? Das Problem schien lange nicht lösbar. Bis Diffie und Hellman kamen. Ein Kommentator meinte, dass ihre Me-thode eine Kopernikanische Revolution für die Verschlüsse-lungskunst eingeleitet habe. So groß sei der Stellenwert ihrer Idee. Und hier ist sie:

Anne steckt ihren wertvollen Ring in die Schatulle und ver-schließt diese mit ihrem Vorhängeschloss. Dann schickt sie diese Schatulle an Bert. Ihren Schlüssel zum Vorhängeschloss behält sie. Bert erhält also die verschlossene Schatulle. Er kann sie aber nicht öffnen. Doch auch der Bösewicht, der den Austausch zwi-schen Anne und Bert insgeheim verfolgte, konnte sie nicht öff-nen.

Nun aber kommt der Geniestreich von Diffie und Hellman zum Einsatz. Zusätzlich zu Annes Schloss bringt Bert sein eigenes Schloss an der Schatulle an. Seinen Schlüssel behält er und schickt die doppelt verschlossene Schatulle zurück an Anne. Irgendwann kommt die Schatulle sicher bei Anne an. Denn sie ist sogar zweimal verschlossen, sodass der Bösewicht in diesem bühnenreifen Stück wieder keine Chance hatte.

Wenn Anne die doppelt verschlossene Schatulle erhält, entfernt sie mit ihrem Schlüssel ihr Schloss und schickt die Schatulle umgehend an Bert zurück. Wieder ist sie beim Versand sicher unterwegs, verschlossen mit Berts Schloss. Trifft sie bei Bert ein, kann der das Schloss mit seinem Schlüssel entfernen und die Schatulle öffnen. Der Ring ist sicher bei ihm angekommen.

Die Bravourleistung besteht im doppelten Verschließen der Schatulle. Der doppelte Verschluss, kombiniert mit dem mehrfachen Hin- und Herschicken, ist eine Übersetzung des mathematischen Diffie-Hellman-Verfahrens ins Bildhafte.

Heutzutage wird dieses Verfahren millionenfach für den Austausch von Geheimzahlen verwendet. Geheimzahlen, die als mathematische Schlüssel für geheime Kommunikation fungieren. Es ist das ultimative Werkzeug, mit dem sich zwei Kommunikationspartner auf einen geheimen Schlüssel einigen können – und zwar so, dass ein Lauscher, der ihre gesamte Kommunikation abfängt, mit den erhaltenen Informationen nichts anfangen kann.

Ist das Verfahren abgeschlossen, haben nur Anne und Bert Kenntnis von ihrem geheimen Schlüssel, mit dem sie dann verschlüsselte Botschaften sicher hin- und herschicken, ver- und entschlüsseln können.

Natürlich steckt ein bisschen Mathematik hinter diesem Tool.

Anne wählt eine Primzahl p und eine beliebige Zahl g. Nehmen wir etwa $p = 11$ und $g = 2$. Diese Zahlen sind hier deshalb besonders klein gewählt, um eine übersichtliche Beispielrechnung zu erhalten. Anne übermittelt beide Zahlen p und g an Bert, und dabei ist ihr völlig egal, ob ein Fremder diese beiden Zahlen erfährt. Als Nächstes wählt Anne eine positive ganze Zahl kleiner als p. Nennen wir sie a. Diese Zahl a behält sie für sich und sendet sie auch insbesondere nicht an Bert. Vielmehr berechnet Anne mit a die Zahl

$$A = g^a \bmod p$$

Hier treffen wir mit mod p als Kurzform von modulo p eine vertraute Bekannte wieder, die Uhren-Arithmetik. Sie trat schon im Kapitel »Gedächtnisakrobatik« auf. Die Bedeutung der obigen Rechnung mit mod p ist es, dass die Zahl A einfach nur den ganzzahligen Rest bezeichnet, der bei Division von g^a durch p bleibt.

Diese Zahl A wird von Anne an Bert gesendet. Das ist nicht die Geheimzahl. Vielmehr handelt es sich um eine Hilfszahl für den späteren Austausch der Geheimzahl. Unsere beiden Protagonisten müssen wieder davon ausgehen, dass A auch ihren Widersachern bekannt ist, die ihre Kommunikation belauscht haben und die Geheimzahl ausspionieren wollen, die Anne und Bert miteinander vereinbaren möchten.

Nehmen wir konkret an, dass in unserem Beispiel die nur Anne bekannte Zahl a gleich 4 ist. Mit diesem a = 4 und den obigen Zahlen p = 11 und g = 2 ergibt sich im Beispiel

$$A = 2^4 \bmod 11 = 16 \bmod 11 = 5$$

Wohlgemerkt: A = 5 ist sowohl Anne, Bert und ihren Feinden bekannt.

Bert macht eine ähnliche Rechnung wie Anne. Er wählt eine beliebige Zahl b und behält sie für sich. An Anne schickt er die von ihm berechnete Zahl

$$B = g^b \bmod p$$

Wenn wir davon ausgehen, Bert habe b = 5 gewählt, so ist in unserem Beispiel

$$B = 2^5 \bmod 11 = 32 \bmod 11 = 10$$

Der aktuelle Stand: Allen Beteiligten sind die Zahlen p und g sowie A und B bekannt. Andererseits kennt nur Anne ihre Zahl a und nur Bert seine Zahl b. Unsere beiden Hauptpersonen haben sie selbst ausgewählt, um eine Rechnung damit durchzuführen. Sie haben sie nicht verschickt, sondern für sich behalten. Nur die Rechnungsergebnisse A und B wurden übertragen.

Jetzt berechnet Anne mit ihrer privaten Zahl a und dem von Bert erhaltenen B ihre Geheimzahl

$$B^a \bmod p$$

Ebenso berechnet Bert seine Geheimzahl

$$A^b \bmod p$$

Haben Sie aufgepasst? Nur Anne kann ihre Geheimzahl berechnen, nicht jedoch ein Fremder, da er Annes Zahl a nicht kennt. Genauso verhält es sich bei Bert. Jetzt kommt das Faszinierende an dieser Methode. Beide, Anne und Bert, sind nun im Besitz derselben errechneten Geheimzahl. Es ist nämlich immer

$$B^a \bmod p = A^b \bmod p$$

Ganz egal, welche Zahlen p, g, a, b am Anfang gewählt wurden. Hier kommt die Begründung, wobei wir das mod p weglassen:

$$B^a = (g^b)^a = g^{b \times a}$$

und

$$A^b = (g^a)^b = g^{a \times b}$$

Und natürlich ist das Produkt

$$a \times b = b \times a$$

Somit sind die Hochzahlen von g in beiden Fällen gleich und demzufolge die von Anne und Bert errechneten Geheimzahlen. Prüfen wir das am konkreten Beispiel:

$B^a \bmod p = 10^4 \bmod 11 = 10000 \bmod 11 = 1$,
denn $10000 = 909 \times 11$ Rest 1
$A^b \bmod p = 5^5 \bmod 11 = 3125 \bmod 11 = 1$,
denn $3125 = 284 \times 11$ Rest 1

Die gemeinsame Geheimzahl von Anne und Bert ist 1.

Die Sicherheit von Diffie-Hellman beruht darauf, dass es mit Computern sehr leicht ist, die Zahlen A = g^a mod p und B = g^b mod p auszurechnen. Doch selbst für die schnellsten Computer der Welt ist es unmöglich, aus A und B umgekehrt die Zahlen a und b zu ermitteln, besonders dann, wenn extrem große Zahlen im Spiel sind. Bei Anwendungen des Verfahrens in der Praxis nimmt man für p sowie für a und b Zahlen mit mehreren Hundert Stellen.

Das Verfahren basiert also darauf, dass ein bestimmter Vorgang einfach, der umgekehrte Vorgang aber unmöglich auszuführen ist. Anne und Bert können diesen bestimmten Vorgang ausführen und erhalten beide auf diese Weise dieselbe Geheimzahl.

Die Fremden müssten mit den Informationen, die sie sich erschlichen haben, den umgekehrten Vorgang ausführen, um die Geheimzahl herauszubekommen. Das ist ihnen allerdings nicht möglich. Mathematisch gesprochen, müssten sie das Potenzieren sehr großer Zahlen umkehren können. Sind die Zahlen groß genug, geht das nicht mehr. Das Diffie-Hellman-Verfahren ist damit sicher und macht das möglich, was einst als unmöglich galt.

Im richtigen Leben gibt es viele Vorgänge, die in einer Richtung ziemlich leicht durchführbar sind, deren Umkehrung aber entweder absolut oder nahezu unmöglich ist. Ein Beispiel sind Farben und Farbmischungen. Es ist sehr leicht, zwei Farben miteinander zu mischen. Doch bei einer gemischten Farbe zu entscheiden, welche Farben in welchem Verhältnis die Mischung erzeugt haben, ist alles andere als einfach. Es dient vielleicht Ihrem besseren Verständnis, wenn wir uns das Diffie-Hellman-Verfahren auch noch anhand von Farben ansehen.

Die Partner Anne und Bert müssen sich auf eine Anfangsfarbe einigen. Jeder darf diese Farbe kennen, Anne und Bert machen kein Geheimnis daraus. Sagen wir, Anne und Bert nehmen die Farbe Rot. Ist das abgesprochen, wählen beide je eine private Farbe. Anne nimmt Gelb, und Bert nimmt Blau. Diese Farben werden von Anne und von Bert nicht verraten. Sowohl dem Partner noch allen eventuellen Mitlesern bleiben sie unbekannt.

Was machen Anne und Bert mit den von ihnen gewählten Farben?

Nun, beide mischen ihre private Farbe mit der anfangs abgesprochenen Farbe Rot. Die Mischung von Rot und Gelb ergibt bei Anne Orange. Die Mischung von Rot und Blau ergibt bei Bert Lila. Jeder schickt nun seine Mischfarbe über den unsicheren Kommunikationskanal an den anderen, behält aber seine private Farbe für sich. Jeder der beiden mischt dann die erhaltene Farbmischung mit seiner privaten Farbe. Anne und Bert bekommen beide dieselbe Dreier-Mischung: Aus Rot und Gelb und Blau entsteht Braun.

Braun ist die Geheimfarbe, ihr geheimer Schlüssel. Ein Fremder kann selbst dann, wenn er die gesendeten Farbmischungen ausspähen konnte, mit dieser farblichen Information nichts anfangen. Denn er kann die Mischungen nicht entmischen. Und sie zu vermischen, bringt ihn auch nicht zur Geheimfarbe.

Hier ist der farbliche Vorgang bildlich dargestellt:

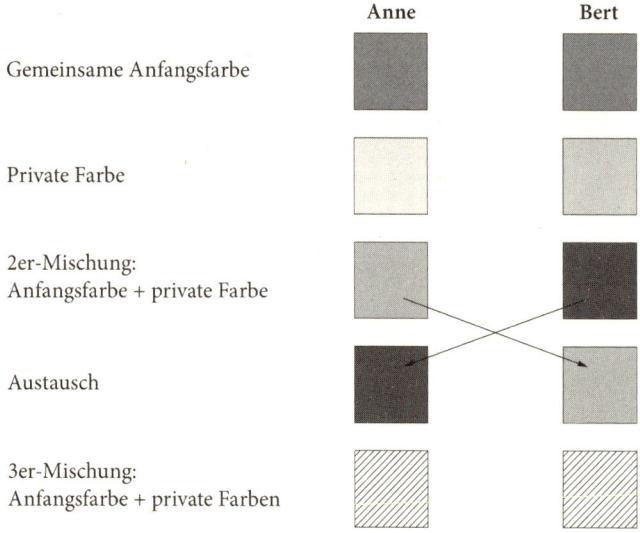

Mathematik des Glücksspiels

Wer hat nicht schon einmal Lotto gespielt, auf den Jackpot gehofft und dann natürlich verloren? Oder waren Sie sogar irgendwann in einem Spielcasino mit Roulette- oder Blackjack-Tischen? Wie groß ist eigentlich bei den einzelnen Glücksspielen die Wahrscheinlichkeit zu verlieren oder zu gewinnen?

Glücksspiele haben natürlich mit Glück und Pech zu tun. Doch beides lässt sich genau kalkulieren. Mathematiker haben eine Theorie entwickelt, um Zufälle zu berechnen. Dafür werden Wahrscheinlichkeiten verwendet. Das Leben ist generell ein Dschungel von Wahrscheinlichkeiten.

- Beim Werfen einer Münze sind die Wahrscheinlichkeiten fifty-fifty oder 1:2.
- Eine Sechs beim Würfeln gelingt mit einer Wahrscheinlichkeit von 1:6.
- Bei mehreren Würfeln multiplizieren sich die einzelnen Wahrscheinlichkeiten. Das heißt, dass die Wahrscheinlichkeit, mit zwei Würfeln zwei Sechsen zu würfeln, bei 1:36 liegt, bei drei Würfeln schon bei 1:216.

Wie sieht es dann beim Roulette aus? Wie hoch sind dort die Wahrscheinlichkeiten und wie hoch die Chancen auf Gewinne oder Verluste? Dafür müssen wir uns das Roulettespiel genauer anschauen.

Das Rouleterad hat 37 Zahlen. Die Zahlen 1 bis 36 sind zur Hälfte rot oder schwarz, die Null ist grün. Setzt man auf eine konkrete Zahl, dann ist die Gewinnwahrscheinlichkeit 1:37, da keine der 37 Zahlen gegenüber einer anderen einen Vorteil hat. Kommt die Zahl nicht, ist der Einsatz verloren. Kommt sie aber, gibt's den Einsatz zurück und zusätzlich das 35-Fache des Einsatzes. Der im Schnitt zu erwartende Verlust entspricht also genau einem 37-stel des Einsatzes.

Zu schnell? Hier der Beweis:

- Die Wahrscheinlichkeit, dass ich gewinne, liegt bei 1 zu 37, als Bruch geschrieben 1/37.
- Wenn ich gewinne, erhalte ich den 35-fachen Einsatz zurück. Für den Fall des Gewinns ergibt dies den Wert:

$$1/37 \times 35 = 35/37$$

- Umgekehrt beträgt die Wahrscheinlichkeit zu verlieren 36/37, weil ja 36 andere Zahlen fallen können als die gewählte. Hier verliert man aber nur den eigenen Einsatz. Daher muss ich diesen Bruch mit −1 multiplizieren, das ergibt (−36/37).
- Zusammen geschrieben lautet die Rechnung für die Gewinnchancen bei Roulette:

$$35/37 - 36/37 = -1/37$$

Interessanterweise ist der erwartete Verlust übrigens bei allen anderen Möglichkeiten des Setzens gleich. Egal, ob man auf eine ganze Kolonne von zwölf Zahlen setzt oder auf Carré (vier Zahlen) oder auf die einfachen Chancen Rot/Schwarz oder Gerade/Ungerade. Die Gewinnwahrscheinlichkeiten bei den einfachen Chancen sind mit 18/37-stel fast fifty-fifty. Doch man bekommt zusätzlich zu seinem Einsatz leider auch nur denselben Betrag als Gewinn.

Ist es also letztlich egal, was ich setze? Die überraschende Antwort aus Sicht der Mathematik lautet Ja! Natürlich ist die Aufregung größer, wenn ich am Spieltisch auf eine einzelne Zahl anstatt auf Schwarz oder Rot, Gerade oder Ungerade setze. Immer beträgt der zu erwartende Verlust 1/37-stel des Einsatzes.

Mathematisch lässt sich beweisen, dass es beim Roulette kein Gewinnsystem gibt. Durch keine noch so ausgeklügelte Kombination von Einsätzen und Spielmöglichkeiten wird der zu erwartende Gewinn positiv. 1/37-stel erwarteter Verlust sind 2,7 Prozent. Beim Roulette werden also umgekehrt 97,3 Prozent aller Einsätze wieder ausbezahlt. Das macht es zu einem fast fairen Spiel. Beim Lotto werden übrigens nur 50 Prozent der Einsätze ausbezahlt. Die andere Hälfte kassiert die Lottogesellschaft.

Es gibt jedoch ein Glücksspiel, das bessere Gewinnchancen als Roulette hat. Das ist *Siebzehn und Vier,* auch *Blackjack* genannt. Das Ziel bei diesem Kartenspiel liegt darin, dass der Spieler näher an 21 Punkte herankommen muss als der Croupier.

Das funktioniert folgendermaßen: Spieler und Croupier erhalten zuerst je eine offene Karte. Dann der Spieler eine zweite Karte. Er kann dann weitere Karten nehmen, um so nahe wie möglich an 21 Punkte zu kommen. Überschreitet er die 21, verliert er sofort.

Will der Spieler keine weitere Karte, nimmt sich der Croupier seine zweite Karte. Hat er 17 Punkte oder mehr, kann er keine weitere nehmen, bei 16 oder weniger Punkten muss er weitere Karten nehmen. Sieger ist, wer näher an 21 ist. Bei gleicher Punktzahl ist das Spiel unentschieden.

Verhält sich ein Spieler nach der Wahrscheinlichkeitstheorie optimal, liegt der Vorteil des Croupiers bei nur etwa 0,5 Prozent. Das liegt daran, dass der Croupier nicht beliebig spielen kann, sondern an eine feste Regel gebunden ist, während der Spieler frei wählen kann, ob er Karten nimmt oder nicht. Trotzdem ist das Spiel aber nicht günstig für den Spieler. Und zwar deshalb, weil er beim Überschreiten der 21 automatisch verliert, ohne dass der Croupier noch gegen ihn spielen muss. Das ist ein versteckter und großer Vorteil der Bank.

Sehr gute Spieler können diesen Vorteil der Bank bei Blackjack so gut wie aufheben. Im Film *Rain Man* sitzt der von Dustin Hoffman gespielte autistische Mann am Blackjack-Tisch und gewinnt, weil er sich die ausgespielten Karten merken kann. Sitzt also ein Spieler mit einem extrem guten Gedächtnis am Tisch und merkt sich, welche Karten ausgeteilt wurden, berechnet außerdem schnell die Wahrscheinlichkeiten, hat er zeitweise sogar einen Vorteil gegenüber der Spielbank.

Spieler mit diesen Fähigkeiten heißen in der Szene Card Counter, also Kartenzähler. Sie können vorteilhafte Zusammensetzungen des Kartenstapels erkennen und riskieren dann höhere Einsätze. Da sie sich sehr konzentrieren müssen, fällt das schnell auf. Gewinnen sie auch noch, erteilt ihnen das Casino manchmal Hausverbot. Künstlerpech!

Dass Lottospieler deutlich schlechter abschneiden, hatten wir schon erwähnt. Die Wahrscheinlichkeit auf einen Sechser beim Lotto liegt bei 1:14 Millionen.

Sie können sich das nicht vorstellen? Nehmen Sie 14 Ein-Euro-Münzen und markieren Sie eine Münze mit einem Filzstift auf der Rückseite. Gut mischen und anschließend alle 14 Münzen in einer Reihe nahtlos aneinanderlegen. Das ergibt eine Münzkette von etwa 32 Zentimetern Länge. Um nun diese eine markierte Münze zufällig zu finden, ist Ihre Chance 1:14. Sie müssen zugeben, dass es nicht einfach ist. Und da liegen nur 14 Münzen.

Fürs Lotto müssen Sie sich nun vorstellen, dass wir nicht nur 14 Ein-Euro-Münzen auslegen, sondern 14 Millionen. Diese Kette wird eine Million Mal länger als die 32 Zentimeter und reicht zum Beispiel entlang der Autobahn von München bis Mannheim. Dann sind Sie dran. Sie fahren in München los, Richtung Mannheim. Irgendwo halten Sie dann an, kurz nach München, bei Stuttgart oder kurz vor Mannheim. Ganz, wie Sie wollen.

Und dann drehen Sie eine beliebige Münze um. Ob das wohl ein Volltreffer ist? Hm.

So funktioniert Lotto. Lottospieler geben sich der Hoffnung hin, dass sie die eine markierte Münze zwischen München und Mannheim auswählen. Und das ist »nur« der Lotto-Sechser.

Wollen Sie den Jackpot knacken, müssen Sie noch eine weitere Zahl richtig getippt haben. Dann ist die Münzkette sogar zehnmal länger und führt von Paris einmal quer durch Europa bis nach Moskau. Sie werden auf dieser Strecke rund zwei Tage unterwegs sein, immer entlang der Ein-Euro-Münzen. Während einer Pause irgendwo zwischen Paris und Moskau bücken Sie sich und drehen eine Münze um. Jackpot? Äußerst unwahrscheinlich, oder?

Der Code des Kamasutra

Das *Kamasutra* ist ein legendäres Buch aus dem alten Indien. Der Titel stammt aus dem Sanskrit und könnte mit *Leitfaden der Liebe* übersetzt werden. Der Autor Vatsyayana Mallanaga lebte um 250 n. Chr. und schrieb es als Anleitung für ein beglückendes Eheleben.

Für Frauen und Männer werden darin Fertigkeiten beschrieben, die einem freudvollen gemeinsamen Leben zuträglich sind. Auf der langen Liste für die Frauen empfiehlt die Nummer 41 den Mitgliedern des weiblichen Geschlechts, Rätsel zu lösen und in Rätseln zu sprechen.

Die Nummer 42 erklärt die Kunst, Geheimschriften zu verwenden. Damit sollen Texte für heimliche Liebhaber so verschlüsselt werden, dass sie nur von diesen gelesen werden können.

Eine der genannten Verschlüsselungs-Methoden ist *mlecchita vikalpa*. Sie besteht darin, die Buchstaben zweier Alphabete zufällig zu Paaren zusammenzufassen, je einen von jedem Alphabet. Dann werden die Buchstaben im Klartext durch ihren gepaarten Partner ersetzt.

Für unser Standardalphabet aus 26 Buchstaben bedeutet das, dass dem Buchstaben A 26 mögliche Buchstaben zugeordnet werden können. Auch A selbst. Für B bleiben dann noch 25 Möglichkeiten usw. Insofern gibt es

$$26 \times 25 \times 24 \times \ldots \times 2 \times 1$$

mögliche Arten der Verschlüsselung. Das sind 403 Quadrillionen oder $4{,}03 \times 10^{26}$. Diese kombinatorische Explosion der Möglichkeiten machte eine Entschlüsselung in der damaligen Zeit unmöglich. Nicht nur bei den berühmt gewordenen Darstellungen gab das Kamasutra also eine recht ausgefeilte Vorlage ab.

In der Geschichte der Codes und Geheimschriften kann man zeitlich sogar noch weiter zurückgehen. Auch Julius Cäsar (ca. 100–44 v. Chr.) benutzte codierte Texte, um militärische Befehle zu versenden und um mit seiner Geliebten Kleopatra Botschaften auszutauschen.

Dazu verwendete er ein ziemlich einfaches Verfahren. Die heute nach ihm benannte Cäsar-Chiffre ersetzt jeden Buchstaben um den Buchstaben, der drei Plätze weiter hinten im Alphabet steht. So wird das A an allen Stellen im Text durch D ersetzt, das B durch E usw. Ist man hinten angekommen, geht es vorne weiter. Das X wird zum A, das Y zum B und das Z zum C.

Natürlich lassen sich die Buchstaben auch um eine andere Zahl als 3 verschieben. Alle Verschiebungszahlen von 1 bis 25 kommen im lateinischen Alphabet infrage. Im Vergleich mit dem Code im Kamasutra ergibt das nur die extrem geringe Anzahl von 25 möglichen Chiffrierungen. Die lassen sich sogar von Hand durchprüfen. Doch die Kunst der Verschlüsselung war bei Cäsar nicht besonders weit entwickelt.

Sie reicht zeitlich sogar noch vor die Antike zurück. Bereits um 600 v. Chr. wurde die Geheimschrift *atbasch* verwendet. Sie geht auf jüdische Gelehrte zurück. Das Wort *atbasch* wurde aus den ersten beiden und letzten beiden Buchstaben (*aleph, beth, taw, shin*) des hebräischen Alphabets zusammengesetzt. Auch *atbasch* ist eine sogenannte Verschiebechiffre. Die Grundidee ist sehr simpel. Das Alphabet wird rückwärts verwendet statt vorwärts. Auf unsere lateinischen Buchstaben übertragen bedeutet das, jedes A wird als Z geschrieben, jedes B als Y usw.

Atbasch kommt auch vereinzelt in der Bibel zum Einsatz. Im Alten Testament wird im Buch Jeremiah der Name der Stadt Babel an einigen Stellen durch die *atbasch*-Version *Scheschach* ersetzt.

Schon aus dieser kurzen Auflistung wird ersichtlich, dass die Bemühungen um Geheimhaltung weit zurückreichen. Solange es Botschaften und Texte gibt, gibt es wahrscheinlich auch Versuche, manche Buchstabenkombinationen und manche Texte geheim zu halten. Informations-Verschlüsselung dürfte es so lange geben, wie es schützenswerte Informationen gibt.

Alle bisher genannten Verfahren der Codierung sind nach heutigem Stand sehr unsicher. Das gilt auch für die Kamasutra-Chiffre. Der Grund: Die verschiedenen Buchstaben in einem Text kommen nicht alle gleich häufig vor. Jede Sprache hat eine charakteristische Häufigkeitsverteilung bei ihren Buchstaben. Bei längeren Textstücken liegen die Anteile in der Nähe der aus zigtausend Texten ermittelten Durchschnittswerte.

Im Deutschen sind die einzelnen Buchstaben mit folgenden Häufigkeiten vertreten:

e	n	i	s	r
17,4 %	9,8 %	7,6 %	7,3 %	7,0 %

Im Schnitt etwa jeder 6. Buchstabe ist im Deutschen ein E, mit großem Abstand vor den anderen Buchstaben. Bei der Verschlüsselung machen sich diese charakteristischen Häufigkeiten bei längeren Textstücken bemerkbar. So können mit der Häufigkeitsverteilung einzelne Buchstaben erschlossen und dann andere aus dem Zusammenhang ermittelt werden. Alle bisher genannten Codes fallen diesem sogenannten Häufigkeits-Angriff zum Opfer.

Ein Code, der diesen Schwachpunkt nicht hat, geht auf den französischen Diplomaten Blaise de Vigenère (1523–1596) zurück. Bei diesem Code wird im Unterschied zu allen obigen Verfahren nicht nur ein Alphabet für den Geheimtext eingesetzt, sondern sehr viele. Die Anzahl der verwendeten Alphabete und die Frage, um welche speziell es sich handelt, hängen vom verwendeten Schlüsselwort ab.

Ganz ähnlich wie beim Cäsar-Code wird jeder Buchstabe des

Klartexts im Alphabet um eine bestimmte Anzahl von Buchstaben nach rechts verschoben. Doch während das beim Cäsar-Code für alle Buchstaben immer genau drei sind, wofür man in Kurzschrift einfach D notieren kann, da das A in diesem Fall zu D wird, werden bei der Vigenère-Chiffre die einzelnen Buchstaben unterschiedlich weit verschoben. Wie weit, das hängt vom Schlüssel ab.

Der Vigenère-Code lässt sich am leichtesten verstehen, wenn Sie zunächst das Schlüsselwort unter den Klartext schreiben, eventuell mehrfach. So oft, dass beide Buchstabenfolgen gleich lang sind.

Als Beispiel dient der Klartext *Fischers Fritze Fischte* und als Schlüssel für dessen Codierung das Wort *Geheim*.

F	I	S	C	H	E	R	S	F	R	I	T	Z	E	F	I	S	C	H	T	E
G	E	H	E	I	M	G	E	H	E	I	M	G	E	H	E	I	M	G	E	H

Schreiben Sie beides untereinander, ohne Zwischenräume, und wiederholen Sie das Schlüsselwort so oft wie nötig:

Dies bedeutet nun nicht etwa, dass das erste F durch G codiert wird und der zweite Buchstabe I durch E. Vielmehr werden alle Buchstaben einzeln mit einer Cäsar-Verschiebung bearbeitet. Wie groß diese Verschiebung jeweils ist, wird vom darunter stehenden Buchstaben des Schlüssels angegeben.

Der erste Buchstabe des Textes (F) wird mit dem ersten Buchstaben des Schlüssels (G) verschoben.

Wie sieht das konkret aus? Wenn A zu G wird, ist das eine Verschiebung um sechs Buchstaben nach rechts im Alphabet. Folglich wird das erste F im Klartext um sechs Buchstaben nach rechts verschoben und somit als L notiert. Für das nächste F im Text ist das nicht mehr so. Das zweite F kommt an neunter Stelle im Text, und in der obigen Tabelle steht direkt darunter ein H. Das H entspricht einer Verschiebung um sieben Buchstaben im Alphabet. Dieses zweite F im Text wird demnach als M chiffriert.

Alles klar? Das leuchtet doch ein, oder? Auf diese Weise arbeiten Sie jetzt alle Buchstaben ab.

Ein und derselbe Buchstabe im Klartext wird in der Regel zu unterschiedlichen Buchstaben im Geheimtext führen. Deshalb bringt eine Häufigkeitsanalyse der Buchstaben bei dieser Chiffre keine nützlichen Erkenntnisse. Ein mächtiger Fortschritt. Tatsächlich war die Vigenère-Chriffre für rund drei Jahrhunderte eine Form der Verschlüsselung, gegen die es keinen erfolgreichen Angriff gab. Sie zu knacken, gelang erst dem britischen Mathematiker, Ingenieur und Erfinder Charles Babbage (1791–1871).

Alle bisher vorgestellten Methoden erfordern, dass Sender und Empfänger denselben Schlüssel zur Verfügung haben. Als Schlüssel bezeichnen wir dabei das Rezept, mit dem der Sender das Gesendete zu einem Buchstabensalat verwirbelt. Der Empfänger muss den Schlüssel kennen, um das Empfangene lesbar zu machen.

Der Schlüsselaustausch kann mit dem Verfahren von Diffie-Helman vorgenommen werden. Das haben wir bereits kennengelernt. Es gibt allerdings auch eine Strategie, um geheime Botschaften ohne die vorherige Absprache eines Schlüssels auszutauschen.

Anne will eine Nachricht an Bert schicken. Sie verschlüsselt ihre Nachricht mit ihrem Schlüssel. Das kann irgendeine Technik mit irgendeinem Schlüsselwort sein. Anne kann das Schlüsselwort frei wählen. Diesen Geheimtext sendet sie an Bert. Bert kann ihn nicht lesen. Sagen wir, der Code von Anne ist so sicher, dass niemand ihn brechen kann. Solche Codes gibt es tatsächlich. Wir kommen später darauf zurück.

Okay, Bert versteht also den Text nicht und weiß nicht, welchen Schlüssel Anne verwendet hat. Vorab gab es nämlich keinen Schlüsselaustausch.

Was macht er?

Die Lösung ist brillant und einfach. Bert verschlüsselt die erhaltene Geheim-Nachricht zusätzlich. Die durchgeschüttelte Buchstabenfolge wird abermals durchgeschüttelt. Und zwar mit Berts eigener Verschlüsselungsmethode, die genauso sicher ist wie die von Anne.

Diese nun zweifach verschlüsselte Nachricht schickt er an Anne zurück. Anne wendet auf die erhaltene Nachricht abermals ihren Schlüssel an, diesmal in umgekehrter Richtung. Sie macht damit ihre Verschlüsselung rückgängig. Doch Berts Verschlüsselung besteht noch.

Den so bearbeiteten Text sendet Anne an Bert zurück. Der Text ist immer noch sicher verschlüsselt. Jeder Bösewicht, der ihn abfängt, ist nach wie vor chancenlos. Bert kann den Text jedoch mit seinem eigenen Schlüssel in Klartext umwandeln und Annes Botschaft lesen.

Bis Charles Babbage Hand daran legte, war die Vigenère-Chiffre ein solches absolut sicheres Verfahren. Als sie geknackt war, mussten sich die Code-Entwickler wieder etwas Neues einfallen lassen.

Codes, die die einen entwerfen, sind immer eine Herausforderung für die anderen, die versuchen, sie zu knacken. Überhaupt war die Geschichte der Codierung von Anfang an ein Wettkampf zwischen Code-Machern und Code-Knackern. Gerade auch in Kriegszeiten.

Apropos Krieg. Im Zweiten Weltkrieg setzten die Alliierten für geheime Funksprüche Navajo-Indianer ein. Diese sogenannten Navajo-Code-Talker übermittelten die Funksprüche unverschlüsselt in ihrer Muttersprache. Für die japanischen und deutschen Code-Spezialisten blieben diese Funksprüche vollkommen unverständlich. Warum?

Navajo ist eine der kompliziertesten Sprachen der Welt. Sie hat keinerlei strukturelle Ähnlichkeiten mit europäischen und asiatischen Sprachen. Eine ihrer Besonderheiten besteht darin, dass ihre Wortstämme nicht nur nach dem Subjekt dekliniert werden, sondern zusätzlich nach dem Objekt des Satzes. Daneben existieren weitere Modifikationen der Wortstämme. Sie hängen davon ab, um wie viele Personen es sich handelt, die etwas tun, warum sie etwas tun, wann sie etwas tun und welcher Art der Gegenstand ist, mit dem sie etwas tun. Dabei spielt zusätzlich eine Rolle, ob dieser Gegenstand klein oder groß, lang oder kurz, fest oder flüssig usw. ist.

Das Verb *gehen* besitzt in der Navajo-Sprache eine halbe Million flektierte Formen. So ist es nicht überraschend, dass ein einzelnes Navajo-Wort so viele Informationen enthalten kann wie eine Handvoll deutscher Sätze. Kein Wunder also, dass im Zweiten Weltkrieg die Funksprüche der Navajo-Code-Talker nicht geknackt werden konnten.

In der heutigen Zeit basiert das Senden verschlüsselter Nachrichten so gut wie immer auf der Übertragung von Zahlen. Buchstaben und andere Zeichen werden zuvor in Zahlen übersetzt. Dabei steht etwa 01 für A, 02 für B usw.

Schon seit Jahrzehnten werden die so entstehenden Zahlen dann mit dem sogenannten RSA-Algorithmus übertragen. Diese Abkürzung ist zusammengesetzt aus den Namen seiner Erfinder Ron Rivest, Adi Shamir und Len Adleman. Gemeinsam haben sie den Algorithmus 1977 erfunden und publiziert.

Auch dieser Algorithmus ist einsetzbar, ohne dass vorher ein geheimer Schlüssel über einen sicheren Kanal ausgetauscht werden muss. Vielmehr werden zwei Schlüssel verwendet, ein öffentlicher und ein privater. Ihren privaten Schlüssel können beide Kommunikationspartner selbst ausrechnen. Er bleibt geheim. Der öffentliche Schlüssel kann durchaus allgemein zugänglich sein.

Das RSA-Verfahren ist rein mathematischer Natur. Dazu ein Beispiel.

1. Anne wählt zwei Primzahlen. Sagen wir, sie nimmt $p = 11$ und $q = 3$. Mit diesen berechnet sie das Produkt $n = p \times q$. Die

Zahl n heißt *Modul.* Ferner bildet Anne das Produkt w = (p – 1) x (q – 1). Das Produkt heißt *Euler-Wert.*

Im Zahlenbeispiel ist

Modul n = 11 x 3 = 33

und

Euler-Wert w = 10 x 2 = 20

2. Nun wählt Anne eine ganze Zahl e zwischen 1 und w, die zu w teilerfremd sein muss. Teilerfremd bedeutet, dass sie außer 1 keinen gemeinsamen Teiler mit w hat. Eine von mehreren Möglichkeiten ist e = 3.

   Der *öffentliche Schlüssel* wird vom Zahlenpaar n und e gebildet. Anne macht sich keine besondere Mühe, ihn geheim zu halten. Sie schickt ihn ohne große Sicherheitsvorkehrungen an Bert oder gibt ihn öffentlich bekannt.

3. Als Nächstes berechnen Anne und Bert ihre privaten Schlüssel. Die werden nicht weitergeleitet und auch nicht veröffentlicht. Sie müssen geheim bleiben.

   Benötigt wird dafür eine positive ganze Zahl d, für die das Produkt e x d bei Division durch w den Rest 1 übrig lässt. Mit der Uhren-Arithmetik (siehe die Kapitel »Gedächtnisakrobatik und »Der Schlüssel zur Geheimzahl«) können wir das so ausdrücken:

e x d mod w = 1

Gleichbedeutend damit ist es, die Zahl d so auszuwählen, dass e x d – 1 durch w teilbar ist. Den Wert müssen wir schrittweise ermitteln, indem wir von d = 1 über d = 2 zu d = 3 usw. so viele Zahlen prüfen, bis wir eine mit der verlangten Eigenschaft gefunden haben. Im Zahlenbeispiel bringt das Probieren bei d = 7 einen Erfolg.

Die beiden Zahlen n und d bilden den *privaten Schlüssel* von Anne und Bert.

Zusätzlich zum Modul n haben wir nun die Zahlen e und d zur Verfügung. Die Zahl e heißt *öffentlicher Exponent,* d heißt *geheimer Exponent.* Beide Exponenten treten in späteren Rechnungen als Hochzahl auf. Die Zahlen p, q und w haben an dieser Stelle ihre wertvollen Dienste bereits geleistet und werden im weiteren Verlauf nicht mehr benötigt.

4. Jetzt will Anne eine Geheimzahl G an Bert schicken. Sagen wir, es ist die Zahl G = 5. Die Verschlüsselung der Geheimzahl berechnet Anne mit der Formel

$$v = G^e \bmod n$$

Sie bildet also die Potenz G mit der Hochzahl e und nimmt den Rest, der sich beim Teilen dieser Potenz durch die Zahl n ergibt. Dieser Rest ist v. Im Zahlenbeispiel ist

$$v = 5^3 \bmod 33 = 125 \bmod 33 = 26$$

Dieses v ist Annes Botschaft an Bert in verschlüsselter Form.

5. Wenn Bert die Zahl 26 geschickt bekommt, berechnet er daraus die unverschlüsselte Zahl

$$u = v^d \bmod 33$$

Im Beispiel lautet die Rechnung

$$26^7 \bmod 33 = 8031810176 \bmod 33 = 5$$

6. Und 5 ist gleich G, wie es sein soll.

In unserem Beispiel sind die Zahlen sehr überschaubar. In der Praxis sind p und q sehr große Primzahlen mit einigen Hundert Stellen. Die Zahl e wird demgegenüber vergleichsweise klein gewählt. Üblich ist die Zahl $2^{16} + 1$. Es ist eine der nach dem französischen Mathematiker Pierre de Fermat (1607–1665) benannten Zahlen, beginnend mit

$$2^1 + 1 = 3, \quad 2^2 + 1 = 5, \quad 2^4 + 1 = 17,$$
$$2^8 + 1 = 257, \quad 2^{16} + 1 = 65537 \text{ usw.}$$

Die Hochzahl bei der Zahl 2 wird dabei also ständig verdoppelt. Alle fünf obigen Fermat-Zahlen sind Primzahlen. So viel wusste auch schon Fermat. Er stellte daraufhin die Vermutung auf, dass auch alle weiteren Zahlen dieser Folge Primzahlen seien. Fermats Vermutung wurde jedoch 1732 von Leonhard Euler widerlegt, indem er schon für die nächste Fermat-Zahl $2^{32} + 1$ nachweisen konnte, dass sie durch 641 teilbar ist.

Heute geht die Vermutung unter Mathematikern eher in die Richtung, dass es unter den Fermat-Zahlen außer den ersten fünf keine weiteren Primzahlen gibt. Das aber ist bisher weder bewiesen noch widerlegt.

Bleiben wir beim eigentlichen Thema. Die Sicherheit des RSA-Verfahrens beruht darauf, dass selbst für sehr große Zahlen die Zahl G mit Computern sehr schnell verschlüsselt und entschlüsselt werden kann.

Es ist aber für einen Code-Knacker, der den verschlüsselten Text eventuell abgefangen hat, trotz Kenntnis des öffentlichen Schlüssels n und e nicht möglich, den Text zu entschlüsseln. Dafür würde er die Zahl d benötigen, welche die Gleichung

$$u = v^d \bmod n$$

erfüllt.

Um sich diese Zahl mathematisch zu verschaffen, bräuchte der Code-Knacker die Primzahlen p und q. Die zu ermitteln, ist aber nach aktuellem Wissensstand nicht möglich.

Zwar ist es leicht, mit Computerhilfe die rund 1000-stelligen Primzahlen p und q miteinander zu multiplizieren, was Anne tun muss. Unmöglich mit selbst den besten derzeitigen Techniken ist dagegen die umgekehrte Bemühung: bei bekanntem Produkt n = p x q die beteiligten Primzahlen p und q zu finden, was der Code-Knacker schaffen müsste.

RSA-Verschlüsselung funktioniert deshalb, weil man es gewissermaßen mit einer Einbahnstraße zu tun hat: In eine Richtung geht's, in die Gegenrichtung nicht. In unserem Beispiel mit großen Primzahlen funktioniert die Multiplikation der Primzahlen. In der Gegenrichtung scheitert jedoch die Zerlegung des Produkts in seine Teiler.

In der Realität gibt es viele derartige Einbahnstraßen, die als Metapher zur Veranschaulichung fungieren könnten. Es ist einfach, mithilfe eines Telefonbuches die Telefonnummer einer bestimmten Person zu finden. Umgekehrt ist es (ohne Computereinsatz) fast unmöglich, mit einer bekannten Nummer die zugehörige Person zu finden.

Auch ein Briefkasten ist eine Art von *Einweg-Funktion,* wie der mathematische Fachbegriff lautet. Das Einwerfen eines Briefes ist easy. Einen Brief aus dem Briefkasten wieder herauszubekommen, geht aber nur mit einem Schlüssel.

Wir hoffen, dass wir Ihnen zeigen konnten, wie interessant die Kunst der Verschlüsselung ist. Haben Sie zum Schluss noch Lust auf eine Herausforderung? Und vielleicht sogar auf eine Herausforderung, bei der es um einen riesigen Goldschatz geht? Dann sind Sie bei uns richtig.

Vor 200 Jahren stieß eine Gruppe von Büffeljägern in New Mexico auf eine Goldader. Sie hörten auf, Büffel zu jagen, und begannen, Gold zu schürfen. Einer der Männer, Thomas Beale, erhielt von den anderen den Auftrag, das geschürfte Gold in der Heimat der Goldgräber zu verstecken. Als Thomas Beale den Goldschatz vergrub, wohnte er im Hotel. Bei der Abreise übergab er dem Hotelbesitzer Robert Morriss eine verschlossene Kiste zur Aufbewahrung, die jemand abholen würde.

Etwas später schickte Beale noch einen Brief an Morriss, in dem er eine weitere Nachricht versprach, mit der drei Geheimcodes entschlüsselt werden könnten, die mit dem Goldschatz zu tun hätten. Der erste verrate den Ort, der zweite den Inhalt, der dritte die Personen, mit denen der Schatz geteilt werden solle. Es war das Letzte, das die Welt von Thomas Beale hörte. Auch die Kiste wurde nicht abgeholt.

Als der Hotelbesitzer die Kiste nach mehr als zehn Jahren öffnete, fand er drei längere Zahlenkolonnen, bei denen es sich offensichtlich um die drei von Thomas Beale erwähnten Codes handeln musste. Der zweite konnte inzwischen geknackt werden. Er verspricht einen riesigen Goldschatz. Der erste, der den Ort angeben soll, wo der Goldschatz zu finden ist, konnte bis heute nicht dechiffriert werden, trotz intensiver Bemühungen mit den unterschiedlichsten Entschlüsselungsverfahren. Er besteht aus den 520 ganzen Zahlen, die Sie (im nächsten Absatz) finden. Dieser Beale-Code ist einer der berühmtesten noch nicht entschlüsselten Codes der Gegenwart.

Der Beale-Code

71, 194, 38, 1701, 89, 76, 11, 83, 1629, 48, 94, 63, 132, 16, 111, 95, 84, 341, 975,14, 40, 64, 27, 81, 139, 213, 63, 90, 1120, 8, 15, 3, 126, 2018, 40, 74, 758, 485,604, 230, 436, 664, 582, 150, 251, 284, 308, 231, 124, 211, 486, 225, 401, 370,11, 101, 305, 139, 189, 17, 33, 88, 208, 193, 145, 1, 94, 73, 416, 918, 263, 28, 500,538, 356, 117, 136, 219, 27, 176, 130, 10, 460, 25, 485, 18, 436, 65, 84, 200, 283,118, 320, 138, 36, 416, 280, 15, 71, 224, 961, 44, 16, 401, 39, 88, 61, 304, 12, 21,24, 283, 134, 92, 63, 246, 486, 682, 7, 219, 184, 360, 780, 18, 64, 463, 474, 131,160, 79, 73, 440, 95, 18, 64, 581, 34, 69, 128, 367, 460, 17, 81, 12, 103, 820, 62,116, 97, 103, 862, 70, 60, 1317, 471, 540, 208, 121, 890, 346, 36, 150, 59, 568,614, 13, 120, 63, 219, 812, 2160, 1780, 99, 35, 18, 21, 136, 872, 15, 28, 170, 88, 4,30, 44, 112, 18, 147, 436, 195, 320, 37, 122, 113, 6, 140, 8, 120, 305, 42, 58, 461,44, 106, 301, 13, 408, 680, 93, 86, 116, 530, 82, 568, 9, 102, 38, 416, 89, 71, 216,728, 965, 818, 2, 38, 121, 195, 14, 326, 148, 234, 18, 55, 131, 234, 361, 824, 5,81, 623, 48, 961, 19, 26, 33, 10, 1101, 365, 92, 88, 181, 275, 346, 201, 206, 86,36, 219, 324,

829, 840, 64, 326, 19, 48, 122, 85, 216, 284, 919, 861, 326, 985,233, 64, 68, 232, 431, 960, 50, 29, 81, 216, 321, 603, 14, 612, 81, 360, 36, 51, 62,194, 78, 60, 200, 314, 676, 112, 4, 28, 18, 61, 136, 247, 819, 921, 1060, 464, 895,10, 6, 66, 119, 38, 41, 49, 602, 423, 962, 302, 294, 875, 78, 14, 23, 111, 109, 62,31, 501, 823, 216, 280, 34, 24, 150, 1000, 162, 286, 19, 21, 17, 340, 19, 242, 31,86, 234, 140, 607, 115, 33, 191, 67, 104, 86, 52, 88, 16, 80, 121, 67, 95, 122, 216,548, 96, 11, 201, 77, 364, 218, 65, 667, 890, 236, 154, 211, 10, 98, 34, 119, 56,216, 119, 71, 218, 1164, 1496, 1817, 51, 39, 210, 36, 3, 19, 540, 232, 22, 141, 617,84, 290, 80, 46, 207, 411, 150, 29, 38, 46, 172, 85, 194, 39, 261, 543, 897, 624, 18,212, 416, 127, 931, 19, 4, 63, 96, 12, 101, 418, 16, 140, 230, 460, 538, 19, 27, 88,612, 1431, 90, 716, 275, 74, 83, 11, 426, 89, 72, 84, 1300, 1706, 814, 221, 132,40, 102, 34, 868, 975, 1101, 84, 16, 79, 23, 16, 81, 122, 324, 403, 912, 227, 936,447, 55, 86, 34, 43, 212, 107, 96, 314, 264, 1065, 323, 428, 601, 203, 124, 95, 216,814, 2906, 654, 820, 2, 301, 112, 176, 213, 71, 87, 96, 202, 35, 10, 2, 41, 17, 84,221, 736, 820, 214, 11, 60, 760

Das sind sie, die 520 durch Kommas getrennten Zahlen der Beale-Chiffre. Sie liegen alle zwischen 1 und 2906. Nicht zu entschlüsselnder Datenmüll oder Wegweiser zu einem großen Goldschatz? Dies und mehr scheint möglich.
Haben Sie einen hilfreichen Geistesblitz? Dann nur zu!

Das Wetter in Zahlen

Wie ist eigentlich das Wetter? Sie haben sich nicht verlesen: Wir möchten die Frage aufwerfen, wie das Wetter draußen vor der Tür ist, und verzichten an dieser Stelle auf die Herausforderung, das Wetter vorherzusagen. Aber täuschen Sie sich nicht. Auch die Beschreibung des aktuellen Wetters ist alles andere als einfach. Es ist vielmehr eine kniffflige Angelegenheit, die schon so manchen Wetterbeobachter in den Wahnsinn getrieben hat. Denn die Wetterbeobachtung hat, Sie werden es ahnen, viel mit Zahlen zu tun.

In der Meteorologie wurde sehr früh deutlich, dass wir eine einheitliche, international gültige Systematik brauchen, um das aktuelle Wetter zu erfassen. Eine eigene »Sprache«, mit der sich Meteorologen über Ländergrenzen und Sprachbarrieren hinweg eindeutig verständigen können, wenn sie über das Wetter reden. So entstand im Laufe der Zeit ein Zahlencode, der sogenannte SYNOP-Code, der aus Blöcken von jeweils fünf Ziffern besteht.

Die Beobachter an einer Wetterstation messen rund um die Uhr die unterschiedlichsten Parameter wie Temperatur, Luftfeuchtigkeit, Wind (Richtung und Geschwindigkeit), Strahlung, Luftdruck, Regenmenge, Schneehöhe und so weiter. Manche Größen werden stündlich gemessen, andere Größen wie die Niederschlagsmenge oder die Schneehöhe alle sechs oder zwölf Stunden.

Aber was ist mit dem sogenannten Wetterzustand? Ob es regnet, schneit, schneeregnet oder gewittert, lässt sich ja schlecht an einem Thermometer ablesen. Das müssen die Wetterbeobachter selbst entscheiden. Und in Zahlen übersetzen.

Für die verschiedenen Wetterzustände wurden die Zahlen 00 bis

99 gewählt. Grob gesagt, je größer die Zahl, desto gefährlicher das Wetter. Zur schnelleren Übersicht werden die Wetterzustände, international abgekürzt als »ww«, in Zehnerblöcke eingeteilt. 00 bis 09 – nichts Wildes. Nur unterschiedliche Bewölkung, Staub, Rauch oder trockener Dunst.

10 bis 19 – Lufttrübung durch feuchten Dunst, aber kein Niederschlag. Oder aber Wetterereignisse in einiger Entfernung, nicht an der Station.

20 bis 29 – Niederschläge, die es in der letzten Stunde gab, aber nicht mehr zum Beobachtungszeitpunkt. Beispiele: 21 bedeutet nach Regen; 23 nach Schneeregen und 29 nach Gewitter.

30 bis 39 – Staubsturm, Sandsturm oder Schneesturm. Die 39 gefällt uns besonders gut: starkes Schneetreiben, über Augenhöhe. (Schneetreiben ist also kein Schneefall, sondern das Aufwirbeln des Schnees vom Boden her, und zwar so stark, dass die Sicht beeinträchtigt ist.)

40 bis 49 – Nebel oder Eisnebel. Dabei stehen die einzelnen Zahlen für die Art des Nebels, ob zum Beispiel der Himmel erkennbar ist und ob der Nebel dichter wird. Beispiele: 45 = Himmel nicht erkennbar, unverändert; 49 = Nebel mit Reifansatz, Himmel nicht erkennbar.

50 bis 59 – Nieselregen (auch Sprühregen genannt)
60 bis 69 – Regen
70 bis 79 – Schneefall
80 bis 89 – Schauer (in Form von Regen, Schnee, Graupel oder Hagel). Ein Schauer wird definiert als ein örtlich und zeitlich begrenztes Niederschlagsereignis, das üblicherweise aus großen Quellwolken (Cumulonimbus-Wolken) herniedergeht.
90 bis 99 – Gewitter. Die Königsklasse!

Die Fünfziger- und Sechzigerblöcke sind identisch aufgebaut. Hier als Beispiel sämtliche Regenvarianten:

60 = unterbrochener leichter Regen oder einzelne Regentropfen
61 = durchgehend leichter Regen
62 = unterbrochener mäßiger Regen
63 = durchgehend mäßiger Regen
64 = unterbrochener starker Regen
65 = durchgehend starker Regen
66 = leichter gefrierender Regen
67 = mäßiger oder starker gefrierender Regen
68 = leichter Schneeregen
69 = mäßiger oder starker Schneeregen

Die »unterbrochenen« Varianten werden im deutschsprachigen Raum nur selten verwendet, sodass die deutschen Meteorologen überwiegend von 61er-, 63er- oder 65er-Regen sprechen (leicht, mäßig, stark). In anderen Ländern, wie in Irland, in denen vom Meer häufig Regenwolkenfetzen mit kräftigem Wind auf das Land zu ziehen, sind die 62 oder die 64 deutlich häufiger anzutreffen.
Fragen Sie einen Meteorologen nach seinem Lieblingswetter, kommt sehr häufig die Antwort: starker Schneefall. So auch bei

Karsten Schwanke. Seine Lieblingszahl ist die 75, die auch in seinem Twitterprofil zu finden ist: »Waiting for ww75«.

Hier die Auflösung sämtlicher Schneevarianten:

70 = unterbrochener leichter Schneefall oder einzelne Schneeflocken

71 = durchgehend leichter Schneefall

72 = unterbrochener mäßiger Schneefall

73 = durchgehend mäßiger Schneefall

74 = unterbrochener starker Schneefall

75 = durchgehend starker Schneefall

76 = Eisnadeln (Polarschnee)

77 = Schneegriesel

78 = Schneekristalle

79 = Eiskörner (gefrorene Regentropfen)

Zu guter Letzt noch ein Blick auf die Königsklasse, die Gewitter. Da Gewitter in sämtlichen Varianten (mit und ohne Regen, Schnee oder Hagel) auftreten können, ist hier die Klassifizierung etwas anders.

Zunächst wird unterschieden, ob es das Gewitter in der letzten Stunde gab oder ob es aktuell, also am Ende der Stunde, zum Beobachtungszeitpunkt, noch blitzt und donnert. Wenn das Gewitter vorbei ist, wird nach der Art und Intensität des Niederschlages unterschieden (91 bis 94). Wenn es hingegen aktuell gewittert (95 bis 99), dann wird die Intensität des Niederschlages vernachlässigt, aber die Intensität des Gewitters (also die Blitzhäufigkeit) und die Art des Niederschlages beschrieben.

91 = Gewitter in der letzten Stunde, zurzeit leichter Regen

92 = Gewitter in der letzten Stunde, zurzeit mäßiger oder starker Regen

93 = Gewitter in der letzten Stunde, zurzeit leichter Schneefall/Schneeregen/Graupel/Hagel

94 = Gewitter in der letzten Stunde, zurzeit mäßiger oder starker Schneefall/Schneeregen/Graupel/Hagel
95 = leichtes oder mäßiges Gewitter mit Regen oder Schnee
96 = leichtes oder mäßiges Gewitter mit Graupel oder Hagel
97 = starkes Gewitter mit Regen oder Schnee
98 = starkes Gewitter mit Sandsturm
99 = starkes Gewitter mit Graupel oder Hagel

Falls Sie sich fragen, welche Zahl relevant ist, wenn es blitzt und donnert, aber kein Regen, Schnee oder Hagel an der Wetterstation fällt, auch dieser Fall ist vorgesehen, wird aber deutlich niedriger eingestuft. Ein Gewitter ohne Niederschlag (aber mit hörbarem Donner) wird mit der Glückszahl 17 verschlüsselt, und das Wetterleuchten, also entfernte Blitze ohne Niederschlag an der Station und ohne Donner, bekommt die Pechzahl 13.

Der Janus-Angriff

Dieser Beitrag hat ein sagenhaftes Vorspiel. Wir beginnen mit etwas Mythologie. Und zwar mit einem Gott. Kennen Sie aus der römischen Sagenwelt den Gott Janus? Er ist der Gott aller Anfänge. Und: »Jedem Anfang wohnt ein Zauber inne.« Der erste Monat eines jeden Jahres und der erste Tag eines jeden Monats sind ihm heilig. So wurde er konsequenterweise von den alten Römern am 1. Januar gefeiert. Unser Wort Januar geht übrigens auch auf Janus zurück. Aber er ist nicht nur der Gott des Anfangs, sondern auch der des Endes.

Auf Abbildungen wird er mit zwei Gesichtern dargestellt, die in entgegengesetzte Richtungen schauen. Dieses Bildnis als doppelköpfige Figur hat bei uns zum Ausdruck *janusköpfig* geführt, der so viel wie *zwiespältig* bedeutet. Während Janus bei den Römern ein sehr angesehener Gott war, haben die Worte janusköpfig, doppelbödig und zwiespältig bei uns eher negative Bedeutungen.

Eine negative Bedeutung hat auch der Janus-Angriff, mit dem wir uns hier beschäftigen wollen. Er ist ein Fachbegriff aus der Verschlüsselungstechnik. Bekannt geworden ist er auch unter dem Namen »Mann-in-der-Mitte-Angriff«. Während er zwar in der Fachsprache so heißt, denken wir uns ruhig das Wort »Mann« durch »Mensch« ersetzt. Denn nicht nur ein Mann kann einen Mann-in-der-Mitte-Angriff ausführen.

Worum geht es dabei?

Nun, es geht in erster Linie um einen Angriff, um Daten zu stehlen. Unsere Protagonisten Anne und Bert sind immer noch damit beschäftigt, geheime Nachrichten auszutauschen. Und zwar mit einer Verschlüsselungstechnik, die auf einem öffentlichen Schlüssel basiert.

Im Prinzip können Sie sich die Vorgehensweise so vorstellen: Anne erzeugt ihren öffentlichen Schlüssel. In der modernen Verschlüsselungspraxis handelt es sich um ein Zahlenpaar, bei dem eine Zahl das Produkt zweier irrsinnig großer Primzahlen ist.

Wahrscheinlich bekommen Sie jedoch ein besseres Bild von der Angelegenheit, wenn wir das Ganze zuerst in der Welt der konkreten Dinge betrachten. Also keine Primzahlen, sondern wieder gute alte Schlösser verwenden.

Anne lässt eine ganze Reihe von Schlössern anfertigen, die alle nur von ihrem eigenen Schlüssel geöffnet werden können. Sie verteilt diese offenen Schlösser an Freunde und Verwandte, mit denen sie Nachrichten austauschen möchte. Auch Bert bekommt eines. Eine Einladung zur Kommunikation!

Bert schreibt einen Brief an Anne, steckt ihn in eine Schatulle und verschließt diese mit dem von Anne erhaltenen Schloss. Die verschlossene Schatulle schickt er los. Nur Anne kann die Schatulle öffnen, nur sie hat den richtigen Schlüssel.

Anne erhält die Schatulle, öffnet das Schloss und liest Berts Brief. Bert ist ihr Liebhaber. Anne ist froh, dass ihr Vater die Schatulle nicht öffnen und dann lesen kann, was Bert ihr so alles geschrieben hat.

So weit, so gut.

Nichtsdestotrotz interessiert sich Annes Vater natürlich für das, was Bert seiner Tochter schreibt. Und die Sicherheit der Kommunikation von Anne und Bert ist tatsächlich anfällig. Denn Anne kann sich nicht 100-prozentig sicher sein, dass die Nachricht tatsächlich von Bert kommt. Sie könnte auch von jemandem sein, der in Berts Namen den Brief geschrieben und die Schatulle mit einem von Annes Schlössern verschlossen hat.

Ferner ist wichtig, dass sich Bert in Bezug auf das erhaltene Schloss ganz sicher ist, mit dem er die Schatulle verschließt. Dieses Schloss muss von Anne stammen. Nicht, dass ihm Annes Vater sein Schloss geschickt, es aber als Annes Schloss ausgegeben hat.

Verschließt Bert die Schatulle mit dem Schloss, das vermeintlich Annes ist, ihm aber von Annes Vater untergeschoben wurde, hat er ein Problem. Annes Vater kann die Schatulle abfangen, das Schloss mit seinem Schlüssel öffnen und Berts Brief lesen. Anschließend kann er Berts Brief in die Schatulle stecken und mit Annes Schloss verschließen – denn er hat ja auch eins von ihr bekommen –, damit Anne nichts merkt.

Anne wird nicht merken, dass ihr Vater Berts Brief abgefangen und gelesen hat. Denn sie hat eine Schatulle von Bert bekommen, verschlossen mit ihrem eigenen Schloss. Sie kann nicht wissen, dass die Schatulle bereits von ihrem Vater geöffnet wurde.

Diese Art von Datenklau heißt »Janus-Angriff« oder »Mensch-in-der-Mitte-Attacke«.

So weit die Geschichte von Anne und Bert.

Abstrakt geht das Ganze natürlich auch. Das ist heutzutage eigentlich der Standard. Der Datendieb muss nicht unbedingt physisch, er kann auch nur logisch zwischen den Partnern stehen. Und es muss nicht unbedingt der Vater sein. In der Realität handelt es sich dabei zumeist um einen arglistigen Computer, der sich zwischen zwei Kommunikationspartner drängt und seine Stellung in der Mitte für seine eigenen, sagen wir mal »bösewichtigen« Zwecke ausnutzt. Im Kryptologie-Kontext etwa, um vertrauliche Informationen abzuschöpfen. Viele Hackerangriffe in der heutigen Zeit sind Angriffe dieses Typs. Auch bei Geheimdiensten und bei der Polizei sind diese Arten des Daten-klaus an der Tagesordnung.

Mensch-in-der-Mitte-Attacken sind jedoch nicht auf das Abfangen von Nachrichten beschränkt. Auch in vielen anderen Konstellationen lässt sich die Mittelstellung zwischen zwei Akteuren ausnutzen.

Stellen Sie sich folgendes Szenario vor: Drei Wanderer wollen in einem Hotel für die Nacht einkehren. Der Hotelier gibt ihnen ein Zimmer für 30 Euro. Die Wanderer zahlen sofort. Etwas später fällt dem Hotelier ein, dass er heute ein Sonderangebot hat und das Zimmer nur 25 Euro kostet. Er schickt den Pförtner mit fünf Euro zum Zimmer der Wanderer.

Jetzt bietet sich dem Pförtner die Möglichkeit, der Mann in der Mitte zu sein – zwischen den Kommunikationspartnern Hotelier und Wanderer. Somit könnte er einen Mittelsmann-Angriff starten und etwas klauen – keine Daten, sondern Geld. In der Tat kann der Pförtner dieser Versuchung nicht widerstehen. Er denkt: Fünf Euro lassen sich schlecht durch drei teilen. Deshalb gebe ich den Wanderern nur drei Euro zurück und stecke zwei Euro ein.

Die Wanderer teilen die drei Euro vom Pförtner unter sich auf. Jeder hat dann statt zehn Euro nur neun Euro bezahlt. Für die Wanderer ein kleiner Rabatt. Für den Pförtner ein gelungener Janus-Angriff, mit dem er zwei Euro abgreifen konnte.

Und man könnte es dabei belassen. Im Grunde ist es eine übersichtliche Situation, richtig? Trotzdem lässt sich eine komplizierte Frage dazu stellen, mit der auch viele austrainierte Denk-Menschen ihre Schwierigkeiten hatten. Sie bezieht sich auf den Geldfluss in dieser Geschichte.

Ursprünglich haben die Wanderer 30 Euro bezahlt. Der Pförtner hat ihnen drei Euro zurückgegeben, die sie unter sich aufteilen. Jeder Wanderer hat das Zimmer somit nur neun Euro gekostet. Zusammen sind das 27 Euro. Dazu kommen die zwei Euro, die der Pförtner behalten hat. Macht zusammen 29 Euro.

Wo steckt der fehlende Euro?

Wenn Sie darüber nachdenken wollen, wäre es sinnvoll, vor dem nächsten Absatz eine Lesepause einzulegen. Denn dort wird das Rätsel aufgelöst.

Also, es ist richtig, dass die Wanderer zusammen 27 Euro bezahlt haben. Der Hotelier hat 25 Euro an Einnahmen. In der Tasche des Pförtners befinden sich zwei Euro. Also setzen sich die 27 Euro, die von den Wanderern bezahlt wurden, zusammen aus den 25 Euro beim Hotelier und den zwei Euro beim Pförtner.

Anders ausgedrückt, ist es nicht zulässig, zum bezahlten Geldbetrag der Wanderer die zwei Euro des Pförtners hinzuzurechnen. Vielmehr darf man die zwei Euro nicht dazuzählen, sondern muss sie abziehen, wenn man mit dem Euro-Betrag in der Kasse des Hoteliers vergleicht. Denn die Einnahme des Hoteliers sind die 27 Euro der Wanderer vermindert um die zwei Euro des Pförtners.

Also alles richtig. Kein Euro fehlt.

Das nächste Beispiel finden wir überaus faszinierend. Es geht um Meinungsvielfalt. Und darum, was man damit anstellen kann. Wo es Meinungen gibt, gibt es auch Meinungsverschiedenheiten. Genau damit wollen wir uns beschäftigen.

Mit der Verschiedenheit von Meinungen lässt sich in unterschiedlicher Weise umgehen. Wir können sie einfach zur Kenntnis nehmen. Wir können sie als Motivation nehmen, uns eine eigene Meinung zu bilden. Wir können uns zwischen die Inhaber der verschiedenen Meinungen begeben, etwa als Moderator, um zu sehen, ob sich beide in der Mitte zu einem Kompromiss treffen können. In diesem Fall sind wir der Mensch in der Mitte und fungieren als Moderator.

Die Rolle, die wir in der Mitte spielen wollen, ist aber jetzt eine andere. Wir denken nicht daran, als wohlwollender Moderator zu wirken und auf einen Ausgleich hinzuarbeiten. Stattdessen ist es unser Ziel, die Meinungsverschiedenheit für unsere Zwecke auszuschlachten.

Um herauszubekommen, wie das am besten funktioniert, besuchen wir Anne und Bert. Zufällig haben die eine Meinungsverschiedenheit. Und zwar darüber, wer das nächste Tennisturnier in Wimbledon gewinnen wird.

Anne glaubt, dass mit Wahrscheinlichkeit 2/3 der Weltranglistenerste das Turnier gewinnt. Und Bert meint, dass mit Wahrscheinlichkeit 2/3 der Weltranglistenerste das Turnier nicht gewinnt. Beide sind bereit, jede Wette auf den Ausgang des Turniers zu akzeptieren, die ihnen im Schnitt eine positive Gewinnerwartung gibt.

Wetten Sie auch gerne? Dann können Sie sich an dieser Stelle fragen, was für Sie eine gute Wette mit Anne oder Bert oder beiden wäre.

Auch an diesem Beispiel lässt sich nämlich ein Mensch-in-der-Mitte-Angriff aufziehen. Und zwar von Ihnen, indem Sie Anne und Bert die folgenden Wetten anbieten:

Sie werden Anne zwei Euro zahlen, wenn der Weltranglistenerste das Turnier gewinnt. Gewinnt er es nicht, muss Anne drei Euro an Sie zahlen.

Anne akzeptiert diese Wette, denn nach ihrer eigenen Einschätzung der Wahrscheinlichkeiten beträgt ihre Gewinnerwartung

$$2 \times 2/3 - 3 \times 1/3 = 1/3$$

Anne erwartet also bei dieser Wette eher einen Gewinn für sich selbst als einen Verlust.

Außerdem bieten Sie Bert an, ihm zwei Euro zu zahlen, wenn der Weltranglistenerste das Turnier nicht gewinnt. Gewinnt er es, muss Bert drei Euro an Sie zahlen.

Bert akzeptiert diese Wette, denn nach seiner eigenen Einschätzung der Wahrscheinlichkeiten beträgt seine Gewinnerwartung

$$2 \times 2/3 - 3 \times 1/3 = 1/3$$

Sowohl Anne als auch Bert sind also der Meinung, dass sie mit Ihnen günstige Wetten abgeschlossen haben. Beide denken, dass Sie sich verzockt haben.

Und was denken Sie selbst?

Es kommt gar nicht darauf an, was Ihre persönliche Meinung über die Gewinnchance des Weltranglistenersten ist. Warum? Weil Sie nämlich gar nicht verlieren können, ganz egal, wie groß oder klein die Gewinnchance ist.

Ja, Sie haben richtig gehört.

Das kommt Ihnen komisch vor?

Dann schauen wir uns die Mathematik hinter den beiden Wetten aus Ihrer Sicht an. Es reicht aus zu überlegen, was mit Ihren beiden Wetten passiert, wenn einerseits der Weltranglistenerste das Turnier gewinnt oder wenn er es andererseits nicht gewinnt.

Gewinnt der Top-Spieler, dann müssen Sie zwei Euro an Anne bezahlen, weil Sie die Wette gegen Anne verloren haben. Doch gleichzeitig haben Sie die Wette gegen Bert gewonnen und erhalten drei Euro von ihm. In der Bilanz gewinnen Sie einen Euro.

Wie sieht es aus, wenn der Top-Spieler verliert?

In diesem Fall gewinnen Sie die Wette gegen Anne und streichen drei Euro von ihr ein. Zwar verlieren Sie die Wette gegen Bert, doch das kostet nur zwei Euro. In der Bilanz ist auch dieser Fall für Sie günstig, denn Sie bleiben mit einem Euro im Plus.

Egal was passiert, egal ob der Top-Spieler das Turnier gewinnt oder nicht, mit Ihren beiden Wetten endet Wimbledon für Sie mit einem Euro Gewinn.

Das haben Sie wunderbar gemacht. Ein genialer Angriff von Ihnen als Mittels-Mensch aus der Mitte zwischen den Einschätzungen von Anne und Bert. Wenn zwei sich streiten (etwa über die Sieg-Chancen von Top-Spielern), dann freut sich der Dritte in der Mitte.

Wem ein Euro als sicherer Gewinn zu wenig erscheint: Vielleicht spielen Anne und Bert ja auch um eine Million mit Ihnen.

Deutsch oder Mathe?

Für die meisten Schülerinnen und Schüler ist die Entscheidung spätestens nach der Grundschule klar. Sie lieben entweder das eine oder das andere, aber nur selten beide Fächer. Eher noch keins von beiden. Die Inhalte und die Didaktik sind einfach zu verschieden. Dabei müssen auch Naturwissenschaftler im mathematisch-physikalischen Bereich sehr gut mit Sprache umgehen können, sonst leidet die Exaktheit der Wissenschaft.

Doch wie heißt es so schön – deutsche Sprache, schwere Sprache. Egal, wo man hinkommt, diesen Spruch gibt es weltweit. Führen wir uns die Eigenheiten unserer Muttersprache vor Augen, müssen wir zugeben, dass für Außenstehende nicht immer ganz logisch ist, was wir uns da zusammenreimen. Besonders spannend wird es, wenn wir unsere Muttersprache auf Zahlen loslassen. Das können wir als Mathematikinteressierte leider nicht ohne Kritik über uns ergehen lassen.

Also los, denken Sie sich eine möglichst große Zahl aus. Wir schlagen folgende vor: 98 765. Ja, ein bisschen einfallslos, aber sie sollte einfach nur halbwegs groß sein. Sie können auch jede andere x-beliebige Zahl verwenden. Nun kommt das Schwierige. Lesen Sie die Zahl laut vor. Langsam. Und noch einmal: Achtundneunzigtausendsiebenhundertfünfundsechzig.

Fällt Ihnen auf, wie kompliziert die deutsche Sprache ist?

Das Deutsche ist nämlich eine der wenigen Sprachen, in der Zahlen zwar von links nach rechts geschrieben werden, aber in anderer Reihenfolge gelesen werden. Je größer die Zahlen, desto kurioser. Das hat zur Folge, dass unsere Zahl 98 765 beim Lesen und Aussprechen in folgender Reihenfolge abgearbeitet werden muss: 8 9 7 5 6. Wer beim Lesen eines Textes auf diese Zahl stößt, muss zuerst die Anzahl der Stellen erfassen (fünf), um sich dann die Reihenfolge des Lesens zu überlegen. Wir müssen über die Anfangs-Neun hinwegspringen zur Acht, dann von dort rückwärts zur Neun gehen, anschließend vom Anfang in die Zahlenmitte zur Sieben springen. Hier angekommen, müssen wir die Sechs überspringen, um die Fünf zu lesen, und dann eine Kehrtwendung zur Sechs vollziehen. Schließlich ändern wir die Richtung erneut und überspringen die Fünf, um mit dem Text weiterzumachen. Unterm Strich reden wir hier von vier Sprüngen und zwei Rückwärtsbewegungen.

Ein Chaos, das sich durchaus verhindern und vereinfachen ließe, wie viele andere Sprachen zeigen. Nehmen wir Englisch. Dann liest sich die Zahl als *ninetyeightthousandsevenhundredsixtyfive*. Alles schön der Reihe nach, wie wir es schreiben.

Und Englisch ist nicht die einzige mathematisch vernünftige Sprache. Die meisten Sprachen der Welt haben ihre Zahlensprechweise an die Schreibweise angepasst. Die Engländer taten dies schon um 1600 herum für Zahlen ab 20. Nach *twenty* kommt *twenty-one*. Könnten wir uns nicht einen Ruck geben und auch einfach zwanzig-eins sagen?

Wir entschuldigen uns bei allen Deutschlehrern, Germanisten und dem Duden-Verlag, aber wir finden: Die Zeit ist reif!

(Dieser Text besteht übrigens aus vierhundertvierzigsieben Wörtern sowie dreitausendvierzigfünf Zeichen.)

Musik und Mathe

Unsere Welt umhüllt uns mit einem Klangteppich aus akustischen Reizen. Dieser Teppich besteht aus einem Mix einiger bedeutsamer Signale, eingebettet in ein Meer von Rauschen. Der Sammelbegriff ist Schall. Schall ist dabei nicht gleich Schall. Wir müssen zwischen Nutzschall wie Musik und Störschall wie Lärm unterscheiden.

Schall entsteht schnell. Schon wenn die Luft um uns herum in Schwingungen versetzt wird. Diese Schwingungen sind nichts anderes als die Hin-und-her-Bewegung von Luftteilchen. Erreichen diese Luftbewegungen unsere Ohren, werden die Schwingungen von unserem Gehirn in Töne umgewandelt.

Sind die Schwingungen vollkommen gleichmäßig, hören wir einen einzelnen Ton. Seine Tonhöhe hängt von der Schwingungszahl ab. Das ist die Anzahl der Hin-und-her-Bewegungen der Luftteilchen pro Sekunde. Die Anzahl der Schwingungen pro Sekunde heißt Frequenz, und man misst sie mit der Maßeinheit Hertz (Hz). Benannt wurde diese Einheit nach dem deutschen Physiker Heinrich Hertz (1857–1894), der Schwingungen intensiv studierte und die elektromagnetischen Schwingungen entdeckte.

Der Hörbereich des Menschen liegt zwischen 16 Hz und 20 000 Hz. Bei 20 000 Hz beginnt der Ultraschall. In diesen Bereich können Hunde und besonders Fledermäuse recht weit hineinhören, wir Menschen nicht. Musikalisch relevant ist der Bereich von 40 Hz bis 10 000 Hz. Dort spielt gewissermaßen die Musik.

Musik ist ein Lebenselixier. Der deutsche Philosoph Friedrich Nietzsche (1844–1900) meinte gar: »Ohne Musik ist das Leben ein Irrtum.« Selbst wenn man nicht so weit gehen möchte: Musik wirkt auf Körper, Seele und Geist. Wie die Liebe hat sie die

Fähigkeit, uns glücklich zu machen. Wahrscheinlich haben Menschen bereits vor Urzeiten Klänge erzeugt, die ihnen etwas bedeutet und die sie berührt haben. Klänge, mit denen sie andere berühren wollten. Die Anfänge der Musik verlieren sich jedenfalls im Dunkel der Geschichte.

In neuerer Zeit gab es viele Studien über die Wirkungen von Musik auf Menschen, Tiere und Pflanzen. Wir können deshalb viel über diese Wirkungen sagen.

Musik fördert Intelligenz und Kreativität bei Kindern. Bestimmte Musik hilft bei der Entspannung, andere kann uns anregen. Wieder andere verbessert die Konzentration und steigert die Tatkraft.

Bei genussvoller Musik schüttet unser Gehirn Unmengen von Endorphinen aus. Gemeinsam gehörte Musik bewirkt ein Gemeinschaftsgefühl bei den Hörern. Selbst Autisten können durch Musik angeregt werden, mit anderen Menschen Kontakt aufzunehmen.

Musik kann eine heilende Wirkung bei bestimmten Krankheiten entfalten, wie etwa bei Depressionen, Angststörungen, chronischen Schmerzen oder Herz-Kreislauf-Leiden. Auch auf das Befinden von Frühgeborenen hat sie positive Einflüsse. Die Musiktherapie ist außerdem eine anerkannte unterstützende Methode für die Linderung bestimmter Beschwerden bei Tinnitus, Migräne, Parkinson und Demenz.

Für den einen ist die klassische Musik heilsam, für den anderen Pop, Rock 'n' Roll, Jazz oder Blues. Heavy Metal und Techno zeigten dagegen in kontrollierten Experimenten keinerlei therapeutische Wirkung. Überraschenderweise wachsen auch manche Pflanzen weniger gut bei einer Beschallung mit Musik dieser Richtungen. Oder gingen sogar ein, wenn sie zu lange damit beschallt wurden. Warum das so ist, weiß man allerdings nicht.

Musik kann sogar als Waffe eingesetzt werden. Die US-amerikanische Drogenbehörde versuchte vor 30 Jahren, den panamaischen Ex-Machthaber Manuel Noriega wegen Drogenhandels festzunehmen. Der flüchtete in die Vatikanische Botschaft in Panama. Der Papst wollte ihn nicht ausliefern, und Noriega wollte nicht freiwillig herauskommen. Ein klassisches Patt. Was taten die amerikanischen Soldaten? Sie beschallten die Botschaft Tag und Nacht mit extrem lauter Musik. Nach drei Tagen gab Noriega auf und stellte sich. Die Playlist für die Beschallung wurde kürzlich veröffentlicht. Sie enthielt beispielsweise *Paranoid* von Black Sabbath und *Prisoners of Rock 'n' Roll* von Neil Young. Alles eigentlich sehr erfolgreiche und beliebte Songs. Was schließen wir daraus? Die richtige Musik in der richtigen Dosierung mit der richtigen Lautstärke kann gut für uns sein, die falsche oder zu viel oder zu laut ist abträglich.

Und wie ist es bei Tieren?

Ja, auch Kühe haben musikalische Vorlieben. Langsame und beruhigende Musik mit einem Tempo von unter 100 bpm (beats per minute) steigert bei den Wiederkäuern sogar die Milchleistung. In einer groß angelegten Studie in Großbritannien erwies sich der Song *Perfect Day* von Lou Reed milchmäßig als besonders ergiebig. Abnehmende Milchflüsse stellten sich dagegen beim Beatles-Hit *Back in the USSR* ein und erst recht bei *Size of a Cow* der britischen Rock-Band The Wonder Stuff. Könnte es sein, dass sich die Rindviecher vielleicht am Text gestört haben? »Das Leben ist nicht das, was ich dachte. Meine Probleme türmen sich auf bis zur Größe einer Kuh.«

Besonders stark reagieren Singvögel, die sozusagen aus der Branche kommen und selbst Musik machen. Musik ist also nicht nur Menschensache. Kanarienvogelweibchen hören sehr gerne Musik. Besonders von Kanarienvogelmännchen. Je komplexer die Männchen tirilieren, je raffinierter und subtiler ihre musikalischen Kompositionen aufgebaut sind, desto stärker geraten die Hormone der Weibchen in Wallung, desto attraktiver schätzen sie den Musikanten ein, und umso williger paaren sie sich mit ihm. Und desto größer sind sogar am Ende noch die Eier, die sie legen.

All das vermittelt einen kleinen Eindruck von der Wirkung, die Musik entfaltet. Enorm viel und enorm überraschend, wenn man bedenkt, dass es sich einfach nur um Töne handelt. Womit wir wieder beim Thema wären. Töne machen also die Musik. Und es gibt unendlich viele Töne. Fürs Musikmachen werden aber traditionell aus dieser unendlichen Vielzahl nur relativ wenige verwendet. Zur einfacheren Produktion wohlklingender Musik werden diese Töne zu Tonleitern zusammengefasst.

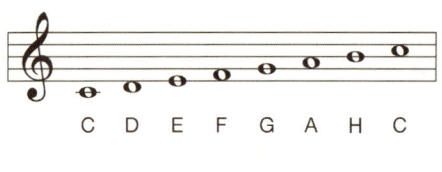

C-Dur-Tonleiter

Wer von Tonleitern redet, kommt zwar nicht zwingend, aber ziemlich zwanglos auf einen der einflussreichsten Denker der Antike zu sprechen. Gemeint ist der legendäre Pythagoras. Viele von Ihnen haben ihn vielleicht ausschließlich als Mathematiker auf dem Schirm. Doch es ist nicht im Geringsten falsch, ihn auch als bedeutenden Musiktheoretiker zu bezeichnen. Sie werden gleich erfahren, warum.

Das Motto von Pythagoras und seinen Gefolgsleuten lautete: »Alles ist Zahl.« Das ist eine Ansicht mit einem ziemlich universellen Touch. Sollte das Motto zutreffen, dann muss es natürlich unter anderem für die Musik gelten.

Das dürfte auch Pythagoras klar gewesen sein. Denn schon in der Antike war Musik sehr präsent und nicht zu übersehen bzw. besser gesagt: nicht zu überhören. Die antiken Griechen erfreuten sich intensiv an ihr. Es gab schon damals viel Musik, doch noch keine Musiktheorie.

Im Zuge seiner Bemühungen, Musik mit Zahlen zu verstehen, suchte Pythagoras nach einer Maßeinheit, um Musik messbar zu machen. Eine Einheit wie den Meter, die dafür verwendet wird, Längen zu messen und vergleichbar zu machen.

Pythagoras muss sich wohl geraume Zeit mit dieser Suche beschäftigt haben. Eines Tages ging er an einer Schmiede vorbei. Vier Handwerker bearbeiteten mit ihren Hämmern Eisenstücke auf Ambossen. Der Klang ihres Hämmerns drang nach draußen. Pythagoras bemerkte, dass die Hammerschläge Töne unterschiedlicher Tonhöhe erzeugten. Alle hörten sich paarweise sehr harmonisch an, bis auf eine Kombination zweier Hämmer, die dissonant zusammenklangen. Das war für ihn der Auslöser, diesem Problem auf den Grund zu gehen.

Pythagoras eilte in die Schmiede. Er wollte wissen, wie die unterschiedlichen Töne bei den Schmiedehämmern zustande kommen. Diese Frage war der Beginn einer Untersuchung, die letztlich zur ersten Theorie der Musik führte.

Pythagoras stellte fest, dass die unterschiedlichen Tonhöhen nicht von der Form der Hämmer, der Wucht der Schläge oder der Größe des bearbeiteten Eisenteils abhingen. Sondern allein vom Gewicht der Hämmer.

Zu einem späteren Zeitpunkt setzte er dann seine Experimente mit Saiten fort. Er befestigte gleichartige Saiten mit einem Ende an einem Holzbalken an der Decke. Anschließend setzte er die Saiten unter Spannung, indem er verschieden schwere Gewichte am unteren Ende anbrachte. Als er die Saiten durch Zupfen zum Klingen brachte, wurde deutlich, dass die Tonhöhe vom Gewicht abhing, von dem die Saite gespannt wurde.

Diese Geschichte von Pythagoras in der Schmiede und beim Experimentieren mit Saiten ist uns vom griechischen Philosophen, Mathematiker und Musiktheoretiker Nikomachos von Gerasa überliefert worden, der um 100 n. Chr. lebte. Sie wurde in den vergangenen Jahrhunderten noch von manch anderem Erzähler überliefert. Trotzdem kann es sein, dass es sich um eine Legende handelt.

Nach der Schilderung von Nikomachos betrieb Pythagoras auch

Studien am Monochord. Das ist ein Instrument, ein sogenannter Einsaiter. Ein schlichter Resonanzkasten aus Holz, über den eine Saite verläuft, die an beiden Enden befestigt ist und gespannt wird. Zupft man diese Saite, übertragen sich die Schwingungen auf den Kasten. Es entsteht ein Ton bestimmter Tonhöhe. Also mit einer bestimmten Frequenz, wie wir heute sagen würden. Diese Frequenz hängt davon ab, wie stark die Saite gespannt wurde. Unter der Saite ist ein verschiebbarer Steg angebracht, mit dem sich der schwingende Teil der Saite verkürzen lässt.

Platzierte Pythagoras den Steg in der Mitte einer Saite, entstand beim Zupfen ein Ton, der ganz besonders harmonisch mit dem Ton zusammenklang, den die Saite in voller Länge erzeugte, dem Grundton. Das Verhältnis der Saitenlängen war dann 2/1. Kürzer spricht man einfach von der Verhältniszahl 2. Diesen besonders harmonischen Zweiklang kennen wir heute als Oktave.

Das musikalische Intervall der Oktave ist für unsere Ohren das angenehmste. Der Fachbegriff für das Angenehme ist hier Konsonanz.

Indem er den Steg verschob, konnte Pythagoras andere schwingende Saitenlängen abgreifen und Töne mit anderen Verhältniszahlen zum Grundton erzeugen. Die nächstbeste Konsonanz zum Grundton ergab sich bei der Verhältniszahl 3/2. Das ist eine Quinte. Danach kam 4/3, was einer Quarte entspricht.

Pythagoras stellte fest, dass generell zwei Töne immer dann besonders harmonisch zusammenklingen, wenn die Verhältniszahl ein Bruch mit kleinzahligem Zähler und Nenner ist. Für unsere Ohren klingen Oktave, Quinte, Quarte am angenehmsten. Doch Pythagoras fand vier weitere, recht konsonante Zweiklänge: Kleinterz und Großterz mit Verhältniszahlen 6/5 bzw. 5/4 sowie Kleine und Große Sexte mit Verhältniszahlen 8/5 bzw. 5/3.

Seit den Untersuchungen des französischen Mathematikers Marin Mersenne (1588–1648) im Jahr 1636 wissen wir, dass die Längen der Saiten sich umgekehrt proportional zu den Schwingungszahlen ihrer Töne verhalten. Bei Halbierung des schwingenden Saitenstücks hat der Ton eine doppelt so hohe Schwingungszahl, also doppelte Frequenz. Je kürzer das schwingende Saitenstück, desto höher also der Ton.

Die von Pythagoras durchgeführten Experimente mit Saiten stellen vermutlich den ersten Versuch der Menschheit dar, harmonische Klangqualität durch zahlengestützte Messungen zu erfassen. Anders gesagt: Zum ersten Mal wurde angenehmes oder weniger angenehmes Zusammenklingen von Tönen mit den Längen der Saiten in Beziehung gebracht.

Das ist Wissenschaft auf die Art, wie sie heute noch betrieben wird. Ausgehend von Erfahrungen, die sich auf Beobachten und Experimentieren gründen, wird ein Modell entwickelt, das die Beobachtungen erklärt. Pythagoras kann als einer der ersten Wissenschaftler überhaupt bezeichnet werden. Aus empirischem Wissen, gestützt auf Einzelfälle, hat er eine allgemeine Gesetzmäßigkeit abgeleitet. Der erste Musiktheoretiker war er auf jeden Fall.

Der griechische Philosoph Jamblichos von Chalkis (ca. 240–320 n. Chr.) bezeichnete Pythagoras sogar als *inventor musicae*, den Erfinder der Musik, und schrieb: »Auf diese Weise hat er die Musik erfunden. Und nachdem er sie in ein System gebracht hatte, gab er sie seinen Schülern als Helferin zu allem Edlen.«

Wir schürfen noch etwas weiter. Unser Ziel sind die Tonleitern. Zunächst eine wichtige Tatsache für das Musikhören und die Hörempfindung: Wenn zwei Töne erklingen, deren Frequenzen sich um eine Oktave voneinander unterscheiden, dann klingen sie für unsere Ohren identisch. Sie gelten dann als harmonisch gleich.

Mathematisch bedeutet das, dass die Frequenz des höheren Tons durch ein- oder mehrmaliges Verdoppeln aus der Frequenz des tieferen hervorgeht. Insofern ändert sich ein musikalisches Intervall, also der harmonische Abstand zweier Töne, die zusammen oder kurz nacheinander erklingen, nicht, wenn der höhere Ton um eine Oktave tiefer gespielt wird oder der tiefere Ton um eine Oktave höher. In der Musiktheorie nennt man das Oktav-verschiebung. Oder kurz das Oktav-Prinzip.

Es hat eine Bedeutung für das Festlegen von Tönen. Es reicht nämlich für die Konstruktion einer Tonleiter aus, sich auf Töne zu konzentrieren, deren Frequenzverhältnisse im Bereich von 1 bis 2 liegen, die also einen Abstand von maximal einer Oktave haben.

Da Pythagoras festgestellt hat, dass Quinten nach den Oktaven am harmonischsten klingen, baute er eine Tonleiter auf Quinten und Oktaven auf. Mit einer einzelnen Saite und dem Steg darunter legte er die Töne einer Tonleiter fest, die heute als pythagoreische Tonleiter bezeichnet wird. Wie er das gemacht hat? Das sollen Sie gleich erfahren …

Zur Erinnerung: Der bei voller Saitenlänge erzeugte Ton heißt Grundton.

Also, angenommen die eingespannte Saite hat die Länge 1 Meter. Jetzt wird der Steg so verschoben, dass die klingende Saite um 1/3 auf 2/3 Meter verkürzt wird. Die Verhältniszahl dieses neuen Tons ist 3/2. Denn die ganze Saite ist um den Faktor 3/2 länger als die verkürzte Saite. Die verkürzte Saite erzeugt den Quint-Ton zum Grundton.

Nichts hindert uns, nochmals genauso vorzugehen und zum ersten Quint-Ton abermals den Quint-Ton zu erzeugen. Man muss dazu die Saitenlänge von 2/3 Meter nochmals um 1/3 kürzen, also um weitere

$$2/3 \times 1/3 = 2/9 \text{ Meter}$$

auf insgesamt

$$2/3 - 2/9 = 6/9 - 2/9 = 4/9 \text{ Meter}$$

Da dies jetzt weniger ist als ½ Meter, wird der Oktav-Bereich zum Grundton verlassen, und die Quinte springt in die nächsthöhere Oktave. Deshalb verdoppelt man die Saitenlänge von 4/9 auf 8/9 Meter. Diese Saitenlänge entspricht mathematisch demselben Ton wie die Länge 4/9 Meter. Das ist die Anwendung des bereits erwähnten Oktav-Prinzips. So bleiben wir im Oktav-Bereich des Grundtons.

Damit ist der weitere Ablauf klar. Die aktuelle Saitenlänge wird immer mit 2/3 multipliziert. Ist die neue Länge kürzer als ½ Meter, wird sie verdoppelt. Sie liegt dann wieder zwischen ½ und 1 Meter. Eine Quinte nach der anderen wird so auf den Grundton geschichtet. Immer entsteht ein weiterer Ton. Immer liegt er im Oktav-Bereich des Grundtons.

Gut. Wie weit soll das gehen?

Dieses Vorgehen wird so lange fortgesetzt, bis auf diese Weise ein Ton entsteht, den das menschliche Ohr vom Grundton nicht mehr unterscheiden kann.

Das tritt bei der zwölften Quinte erstmals auf. Bis dahin war siebenmal eine Verdopplung der Saitenlänge nach Oktav-Prinzip nötig, also eine Verschiebung um eine Oktave nach unten. Für das menschliche Ohr entspricht in diesem Sinn die zwölfte Quinte der siebten Oktave über dem Grundton. Nicht ganz exakt, aber fast. Der Unterschied ist klein: Die zwölfte Quinte erklingt bei einer Saitenlänge von 0,9865 Metern, die siebte Oktave natürlich bei voller Länge von 1 Meter. Man nennt das den Quinten-Zirkel. Und stellt fest, dass er sich nicht ganz genau schließt.

Jedenfalls sind auf diese Weise zwölf Töne entstanden. In eine Reihenfolge nach aufsteigender Frequenz gebracht, bilden sie die pythagoreische Tonleiter.

Bringen wir noch weitere mathematische Aspekte ins Spiel, das Rechnen mit Tönen und mit musikalischen Intervallen.

Wie erwähnt gehört zum Intervall der Quinte die Verhältniszahl 3/2 bei den Saitenlängen sowie auch bei den Frequenzen. Intervalle werden addiert, indem ihre Verhältniszahlen multipliziert werden. So ergibt zum Beispiel das Addieren einer Quinte mit Verhältniszahl 3/2 und einer Quarte mit Verhältniszahl 4/3 genau eine Oktave.

Der musikalischen Rechnung

Quinte plus Quarte gleich Oktave

liegt arithmetisch diese Gleichung zugrunde:

$$3/2 \times 4/3 = 12/6 = 2$$

Und 2 ist die Verhältniszahl der Oktave. Spielt man zu einem Grundton zuerst die Quinte und dann die darauffolgende Quarte, landet man bei der Oktave zum Grundton. Entsprechend wird ein Intervall von einem anderen abgezogen, also subtrahiert, wenn man durch seine Verhältniszahl dividiert

Quinte minus Quarte = 3/2 : 4/3 = 3/2 x 3/4 = 9/8

9/8 ist die Verhältniszahl der Sekunde.
So ausgerüstet, kehren wir zum Quintenzirkel zurück. Die Verhältniszahl von zwölf aufeinandergeschichteten Quinten ist das Produkt

$$(3/2) \times (3/2) \times (3/2) \times (3/2) \times (3/2) \times (3/2) \times (3/2) \times$$
$$(3/2) \times (3/2) \times (3/2) \times (3/2) \times (3/2) = 129{,}746$$

Einer Oktave entspricht die Verhältniszahl 2. Sieben Oktaven entsprechen dem Produkt

$$2 \times 2 \times 2 \times 2 \times 2 \times 2 \times 2 = 128$$

Das Frequenzverhältnis zwischen der 12. Quinte und der 7. Oktave ist demzufolge

$$129{,}746 : 128 = 1{,}01364 : 1$$

Ein Intervall mit diesem kleinen Frequenzverhältnis wird als *Pythagoreisches Komma* bezeichnet.

Das hört sich zunächst nach einem winzigen, wenig bedeutenden Unterschied an. Doch seit mehr als zwei Jahrtausenden haben sich extrem viele Menschen damit beschäftigt, was mit dieser Winzigkeit zu tun ist. Denn sie ist zwar winzig, aber nicht unbedeutend. Ein geschultes Ohr kann das Pythagoreische Komma hören und empfindet es als störend.

Was also tun?

Man kann es natürlich so stehen lassen, wie Pythagoras es tat, und achselzuckend akzeptieren. Oder man kann etwas dagegen unternehmen. Und aus diesem »etwas dagegen unternehmen« resultierten Unternehmungen mit ungeheurem Aufwand, die mit verschiedenen Stimmungen von Tonleitern und Instrumenten über eine sehr lange Zeit betrieben wurden. Extrem viel Kreativität ist in das Ob und Wie der Beseitigung dieses Pythagoreischen Kommas geflossen.

In der pythagoreischen Tonleiter haben also nicht alle Töne denselben »Abstand«. Abstand ist in der Welt der Töne als Frequenzverhältnis zu verstehen.

Eine Tonleiter, deren Töne denselben Abstand haben, stellt sich aber ein, wenn die zwölf Quinten im Quintenzirkel alle ganz minimal um 1/12 des pythagoreischen Kommas verkleinert werden.

Das führt auf eine geringfügig andere Tonleiter, bei der eine Oktave nun in zwölf gleich große Intervalle unterteilt ist. Musiker sprechen von einer gleichstufigen Tonleiter. Weiter im Musiker-Slang gesprochen, sind in ihr die Quinten nicht mehr ganz »rein«. Der Unterschied ist aber nicht hörbar. Jedenfalls ist das Pythagoreische Komma verschwunden, da es über die Quinten verwischt wurde.

Die gleichstufige Tonleiter wurde erstmals im Jahr 1584 von dem Chinesen Chu-Tsai-Yü (1536–1611) erwähnt. Er war ein Prinz der Ming-Dynastie, der sich mit den Beziehungen zwischen Mathematik und Musik beschäftigte. Auf seinem Abakus konnte er die gleichstufige Tonleiter mit einem System neunstelliger Zahlen sehr genau berechnen. Respekt! Ein Jahr später plädierte auch der niederländische Mathematiker Simon Stevin für diese Tonleiter und bewies, dass sie mathematisch auf der zwölften Wurzel aus zwei basiert.

Warum das? Nun, wie groß sind die Tonabstände in der gleichstufigen Tonleiter?

Nach unseren Vorarbeiten kann diese Frage leicht beantwortet werden. Nennen wir die Verhältniszahl zwischen den Frequenzen aufeinanderfolgender Töne V, dann muss gelten

$$V \times V \times V \times V \times V \times V \times V \times V \times V \times V \times V \times V = 2$$

Denn die Verhältniszahlen von Tönen müssen bei Addition der musikalischen Intervalle multipliziert werden. Diese Gleichung bedeutet nichts anderes, als dass

$$V^{12} = 2$$

ist. Somit muss V die zwölfte Wurzel aus 2 sein, also

$$V = 1{,}0594\ldots$$

Dieses Frequenzverhältnis besteht zwischen je zwei aufeinanderfolgenden Tönen in der gleichstufigen Zwölfton-Tonleiter.

Ist also die Frequenz eines einzigen Tones festgelegt, können daraus die Frequenzen aller anderen Töne errechnet werden. Für die Festlegung wird in der Regel die Frequenz 440 Hz verwendet. Der zugehörige Ton wird als Kammerton a' bezeichnet. Nach ihm stimmen die Musiker ihre Instrumente.

Halten wir fest: Das Grundprinzip der pythagoreischen Tonleiter sind die reinen Quinten mit ihrem exakten Frequenzverhältnis von 3/2. Es gibt darin 11 reine Quinten nebst einer wegen des

Pythagoreischen Kommas etwas verfälschten Quinte. Das ist die sogenannte Wolfsquinte, die wie ein Wolf heult und deshalb musikalisch unbrauchbar ist (Frequenzverhältnis 1,4798 statt 3/2).

Das Grundprinzip der gleichstufigen Tonleiter ist die reine Oktave. In ihr sind alle Tonabstände gleich groß. Sie hält die Reinheit der Quinten für verzichtbar und weicht davon in nicht hörbarer Weise ab. Das Zwölftonsystem für eine Oktave lässt sich dann genauso in höhere und tiefere Oktaven fortsetzen.

Seit dem 18. Jahrhundert hat sich die gleichstufige Tonleiter in der abendländischen Musik mehr und mehr durchgesetzt. Mit dem Beginn des 20. Jahrhunderts wurde sie langsam dominierend und ist heutzutage mit Abstand am gebräuchlichsten. Die meisten Tasten- und Knopf-Instrumente werden nach ihr gestimmt.

Bei einer Tonleiter ist es sehr wichtig, dass sie die Oktave, die Quinte, Quarte und Großterz zu jedem Ton so rein wie möglich enthält. Insofern beruht der große Erfolg der gleichstufigen Tonleiter auf den sehr großen mathematischen Zufällen, dass die zwölfte Wurzel aus 2 hoch 7 ungefähr gleich der Verhältniszahl 3/2 = 1,5 der Quinte ist (genauer: 1,4983...). Denn sieben kleine Intervalle in diesem Zwölftonsystem sind eine Quinte.

Ferner der Zufall, dass gleichzeitig die zwölfte Wurzel aus 2 hoch 5 ungefähr die Verhältniszahl 4/3 = 1,3333... der Quarte ist (genauer: 1,3348...). Und dass außerdem auch noch die zwölfte Wurzel aus 2 hoch 4 ungefähr gleich der Verhältniszahl 5/4 = 1,25 der Terz ist (genauer: 1,2599...).

Viele Zufälle. Aber Zufälle gehören zum Leben. Auch zum Musikleben. Womit wir beim Abspann wären.

Im Radio im Nebenzimmer läuft gerade der Schlager *Musik* von Marika Rökk. Sie singt: »Ich brauch weiter nichts als nur Musik, Musik, Musik.«

Das wird Ihnen langsam zu viel Musik? Vielleicht finden Sie dann Gefallen an dem Stück 4'33 des Komponisten John Cage (1912–1992), das aus nichts anderem besteht als aus vier Minuten und dreiunddreißig Sekunden absoluter Stille. Ein wahres musikalisches Still-Leben, das man auch zweimal hintereinander hören kann. In einer Ära der Dauerberieselung durch Töne ist man manchmal auch sang- und klang- und tonlos glücklich. Sollten Sie nach der Stille etwas Rotwein parat haben, dann finden Sie vielleicht Gefallen an dieser Erfahrung. Wird aus der Flasche der Rotwein zügig eingeschenkt, hört man dabei ein Glucksen nach den Anfangsnoten des Liedes *Fuchs, du hast die Gans gestohlen.* Eine gleichmäßig ansteigende Glucks-Melodie gleich langer Töne, die sich vom 5. bis zum 8. Ton nicht mehr ändert. Genau wie beim Kinderlied.

War das inspirierend?

Wofür?

Um nach den vier Minuten und dreiunddreißig John-Cage-Sekunden ein kleines kulinarisches Akustik-Projekt anzustoßen, mit einem frisch entkorkten Bordeaux als tonerzeugendem Instrument und dem Weinkeller als Tonstudio?

Na dann, auf Ihr Wohl.

Warum 42?

Douglas Adams war 19 Jahre jung, betrunken und lag irgendwo bei Innsbruck »auf einem Acker«, wie er einmal erzählte. Als er so dalag und seinen Blick in den Sternenhimmel richtete, kam ihm angeblich die Idee zu dem Titel für seinen Roman *Per Anhalter durch die Galaxis,* der ihn schließlich weltberühmt gemacht hat. Weit hergeholt war die Eingebung allerdings nicht, immerhin war Douglas Adams selbst als Anhalter durch Europa unterwegs – eine seiner Lieblingsbeschäftigungen während der Studentenzeit.

Die Antwort auf die Frage aller Fragen, auf die Frage »nach dem Leben, dem Universum und dem ganzen Rest« *(life, the universe and everything)* errechnete der Supercomputer *Deep Thought* und spuckte nach 7,5 Millionen Jahren Rechenzeit als Antwort aus: 42. Bäm! Da stand nun diese Zahl und ließ Millionen Leser auf der ganzen Welt grübelnd und zerknautscht zurück.

Da die Antwort mehr als unbefriedigend war, blieb einem nichts anderes übrig, als sich über die 42 den Kopf zu zerbrechen. Dabei konnte sich ein bisschen Mathematik durchaus als hilfreich erweisen. Denn mathematisch gesehen lässt sich die 42 mithilfe von Primzahlen zerlegen. 42 hat die Primzahlteiler 2, 3 und 7.

Wir können die 42 auf zwei verschiedene Arten schreiben:

$$42 = 2 \times 3 \times 7$$

oder

$$42 = 1 + 42/2 + 42/3 + 42/7$$

Wobei die zweite Variante die mathematisch schönere Formel ist. Oder etwa nicht? Zumindest sind wir mit dieser Meinung nicht allein, denn Zahlen, die sich – wie die 42 – mithilfe einer solchen Berechnung darstellen lassen, heißen offiziell »primär pseudovollkommene« Zahlen. Doch nennen wir diese Zahlen der Einfachheit halber lieber Altägyptische Zahlen.

Was die Ägypter vor mehr als 1000 Jahren reizte, waren interessante Rätsel, die sich mit diesen Zahlen konstruieren ließen. Beispielsweise das Kamelrätsel. Es lautet folgendermaßen: Ein Sultan hat 41 Kamele. In seinem Testament vererbt er die Hälfte an seine älteste Tochter, ein Drittel an seine mittlere Tochter und ein Siebtel an seine jüngere Tochter. Die Töchter sind ratlos, da 41 weder durch 2 noch durch 3 noch durch 7 teilbar ist. Was tun? Die Lösung findet sich, als ein Derwisch des Weges kommt. Er stellt den Töchtern sein eigenes Kamel zur Verfügung. Es sind dann also 42 Kamele. Die Älteste nimmt sich davon die Hälfte (21 Kamele), die Mittlere ein Drittel (14) und die Jüngste ein Siebtel (6). Am Ende bleibt wieder das Kamel des Derwischs übrig.

Übrigens wussten die Mathematiker bereits damals, dass es sich um eine nicht allzu häufige Besonderheit handelt. Die erste natürliche Zahl, die sich mit obiger Formel darstellen lässt, ist die 6 (6 = 2 x 3), dann kommt die 42 als einzige zweistellige Zahl mit dieser Eigenschaft und dann erst 1806 als nächste Altägyptische Zahl:

$$1806 = 2 \times 3 \times 7 \times 43$$

Wer sich jetzt einer Herausforderung stellen möchte, darf sich gerne für die Zahl 1806 ein weiteres Kamelrätsel ausdenken – unter Verwendung der Primzahlen 2, 3, 7 und 43.

Und die 42? Wie gelangte diese Zahl ins Buch von Douglas Adams? Nachdem sich etliche Mathematiker und Verschwörungstheoretiker über dieses Thema den Kopf zerbrochen hatten, sagte der Autor später dazu: »Die Antwort ist ganz einfach. Es war ein Scherz. Es musste eine Zahl sein, eine ganz gewöhnliche, eher kleine Zahl, und ich nahm diese. Binäre Darstellungen, Basis 13, tibetische Mönche, das ist totaler Unsinn. Ich saß an meinem Schreibtisch, starrte in den Garten hinaus und dachte: ›42 passt.‹ Ich tippte es hin. Das ist alles.«

Wenigstens entschied er sich nicht in einer betrunkenen Nacht auf einem Acker in Innsbruck für die 42.

Die ewige Wiederkehr
des Gleichen

Romanoff und Julia ist das bekannteste Theaterstück von Peter Ustinov (1921–2004), der wiederum eine der berühmtesten Kulturpersönlichkeiten des 20. Jahrhunderts war. Das Theaterstück ist eine Satire auf den Kalten Krieg. Eine der Szenen, die in Erinnerung bleiben, ist ein satirisches Hin und Her, das man unter der Überschrift »Die ewige Wiederkehr des Gleichen« erzählen könnte. Eines Tages bittet der amerikanische Botschafter den Machthaber des fiktiven mitteleuropäischen Kleinstaates Concordia, der sich in der Region zwischen den Einflussbereichen von West und Ost befindet, um ein dringendes Gespräch. Der Botschafter informiert den Regenten, dass die Russen eine Militäraktion gegen sein kleines Land planen.

Der Regent stürmt zum russischen Botschafter, um ihn zur Rede zu stellen. Nach etwas Vorgeplänkel, bei dem es um die amerikanisch-russischen Beziehungen geht, sagt der Regent: »Sie wissen, dass ihr was vorhabt.«
Der Botschafter bleibt entspannt und erwidert, ohne mit der Wimper zu zucken: »Wir wissen, dass sie es wissen.« *Der Regent eilt zum amerikanischen Botschafter zurück und sagt:* »Sie wissen, dass ihr es wisst.« *Auch der amerikanische Botschafter bleibt gelassen und entgegnet:* »Wir wissen, dass sie wissen, dass wir es wissen.«
Der Regent braust zurück zum russischen Botschafter und konfrontiert ihn mit der neuen Information: »Sie wissen, dass ihr wisst, dass sie es wissen.« *Ungerührt antwortet der Russe:* »Wir wissen, dass sie wissen, dass wir wissen, dass sie es wissen.«

Wieder macht sich der Regent auf zum amerikanischen Botschafter und teilt ihm mit: »Sie wissen, dass ihr wisst, dass sie wissen, dass ihr es wisst.« Der Amerikaner wiederholt die Worte des Regenten ganz langsam. Gleichzeitig zählt er mit den Fingern ab: eins, zwei, drei. Dann ergreift ihn plötzlich Panik, und er ruft bestürzt: »Was, das wissen sie auch?«

Aus mathematischer Perspektive ist das ein Fall von Rekursion. Rekursion bezeichnet den abstrakten Vorgang, dass eine Aktion erneut auf eine Situation angewendet wird, die eine frühere gleichartige Aktion selbst hervorgebracht hat.

Wenn dieselbe Aktion immer wieder auf die neu entstehenden Situationen angewendet wird, entstehen Schleifen, die fortwährend durchlaufen werden, im extremsten Fall Endlosschleifen.

Ein interessanter Fall von Rekursion ist die Art des Wissens in einer Gruppe von Menschen. Eine Tatsache ist Allgemeinwissen innerhalb der Gruppe, wenn alle Mitglieder der Gruppe jeweils die Tatsache kennen und alle Gruppenmitglieder ebenso wissen, dass alle Gruppenmitglieder jeweils die Tatsache kennen, und darüber hinaus alle Gruppenmitglieder wissen, dass alle Gruppenmitglieder wissen, dass alle Gruppenmitglieder jeweils die Tatsache kennen. Und so immer weiter bis ins Unendliche.

Man könnte das tabellarisch auch so festhalten. In einer Gruppe kann es unterschiedlich strukturiertes Wissen über »Etwas« geben:

- Niemand weiß »Es«.
- Einige wissen »Es«.
- Alle wissen »Es«.
- Alle wissen, dass alle »Es« wissen.
- Alle wissen, dass alle wissen, dass alle »Es« wissen.
- …
- »Es« ist Allgemeinwissen.

Eine Alltagssituation: Ein Paar hat sich in einem Kaufhaus verloren. Die beiden können sich aber wiederfinden. Jeder der beiden muss sich dabei nicht nur fragen, wohin der andere gehen wird. Denn auch der jeweils andere wird sich fragen, wohin der andere gehen wird. Jeder muss in sich hineinhorchen, jedoch nicht einfach so: Ich frage mich, was du denkst. Sondern vielmehr von hüben und drüben im Wechsel über Bande zurückgespielt: Ich frage mich, was du denkst, wenn du dich fragst, was ich denke, was du denkst usw. Das ist nichts anderes als die Bemühung, Allgemeinwissen so weit wie möglich anzunähern.

Als Nächstes amüsieren wir uns mit einer kleinen Wissensparabel. Sie verdeutlicht auf leichte Art den Unterschied zwischen verschiedenen Graden des Wissens.

Die Häftlinge Xaver und Yassir bereiten ihren Ausbruch aus dem Gefängnis vor. Sie können die Gefängnismauern nur gemeinsam als Team überwinden. Irgendwann beschließt X, den Fluchtplan an einem bestimmten Tag in der Zukunft umzusetzen. Er teilt dies seinem Kompagnon Y mit, der in einer anderen Zelle sitzt. Da beide nicht direkt miteinander kommunizieren können, lässt X dem anderen einen Zettel mit dem Fluchtdatum zukommen. Da er sichergehen will, dass Y die Information erhalten hat, bittet er diesen, den Erhalt kurz zu bestätigen.

Das macht Y auch, indem er seinerseits X eine Nachricht zukommen lässt, worin er den Erhalt bestätigt. Da auch er sicher sein will, dass X die Bestätigung erhalten hat, damit er, Y, am vorgesehenen Ausbruchsdatum nicht allein die Flucht beginnt, bittet er X ebenfalls, den Erhalt seiner Nachricht zu bestätigen.

Man kann sich vorstellen, dass das endlos so weitergehen könnte.

Was bedeutet das mathematisch gesehen? Mit der gewählten Methode kann das Datum der vorgesehenen Flucht nie Allgemeinwissen zwischen den beiden Häftlingen werden, ganz gleich wie viele Bestätigungen von Bestätigungen von Bestätigungen zwischen ihnen ausgetauscht werden. Wenn einer der beiden die Bestätigung der Bestätigung der Bestätigung nicht erhalten würde, bliebe bei ihm eine Restunsicherheit über das Datum des geplanten Ausbruchs. Er müsste die Flucht am angegebenen Tag ins Ungewisse hinein beginnen. Er müsste sich also der Hoffnung hingeben, dass auch der andere, der ja seinerseits eine Bestätigung über den Erhalt verlangt und ebenfalls nicht bekommen hat, die Flucht in Angriff nimmt. Auch der müsste das ins Ungewisse hinein tun.

Damit sei erst mal ein Schlusspunkt gesetzt.

Das Prinzip der Rekursion kann in der Mathematik zur Problemlösung benutzt werden. Man sucht eine Aktion, die ein Problem auf eine einfachere Version von sich selbst zurückführt und dann bei abermaliger Anwendung derselben Aktion auf eine nochmals simplere Version.

Das macht man so lange, bis durch mehrfaches Anwenden der Vereinfachungs-Aktion eine so einfache Version des Problems entsteht, dass sie lösbar ist. Mit dieser Lösung des einfachen Problems geht man dann schrittweise zurück durch die Schleife bis zum schweren Anfangsproblem.

Dazu ein Beispiel mit Kultstatus. Der *Turm von Hanoi* ist ein traditionsreiches Rätsel, um das sich eine Legende rankt. Rätsel und Legende gehen zurück auf den französischen Mathematiker

Édouard Lucas (1842–1891), der das Problem und die dazugehörige Geschichte 1883 veröffentlichte.

Es ist eine Art von Rangieraufgabe, die sich auf folgende Ausgangssituation bezieht: Aus einer Platte ragen drei Stäbe. Aufgereiht über Stab 1 befindet sich eine gewisse Anzahl von gelochten Scheiben unterschiedlicher Größe. Die kreisförmigen Scheiben sind nach abnehmendem Durchmesser sortiert. Unten liegt die größte Scheibe und oben die kleinste.

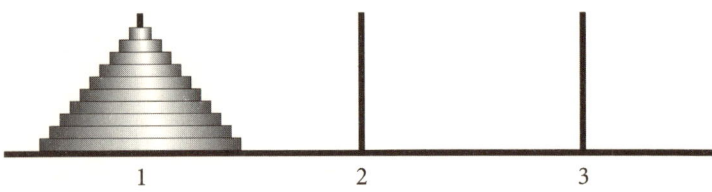

1   2   3

Ziel ist es, den gesamten Stapel gelochter Scheiben durch eine Reihe erlaubter Manöver auf Stab 3 zu errichten. Erlaubt ist ein Zug, wenn er die oberste Scheibe irgendeines Stabes auf einem anderen Stab platziert, auf dem keine kleinere Scheibe liegt. Zu jedem Zeitpunkt des Spiels sind also in jedem der drei Stapel alle Scheiben fein säuberlich sortiert.

Wie heißt es bei *Mission Impossible* am Anfang immer so schön?

»Ihre Mission, sollten Sie sie annehmen, besteht darin …«

Ja, sie besteht darin, den Turm komplett auf einen der beiden anderen Stäbe – sagen wir, Stab 3 – zu überführen. Und zwar durch Umlegen einzelner Scheiben zwischen den Stäben.

Das ist Ihre Herkulesaufgabe.

Unsere erste Neugier gilt der Frage, ob der ganze Turm von Hanoi mit den erlaubten Zügen auf Stab 3 neu errichtet werden kann.

Sollte die Aufgabe lösbar sein, ist es dann als Zweites auch möglich, die Anzahl der Züge zu ermitteln, die dafür mindestens benötigt werden?

»Und was ist mit der Legende, die zu dieser Aufgabe gehört?«, werden Sie sich vielleicht schon gefragt haben.

Sie hat mit einem Kloster in der indischen Stadt Varanasi, früher auch Benares oder Kashi genannt, zu tun. In diesem Kloster befolgen die Mönche eine alte Prophezeiung des Ordensgründers. Der nahm dem Abt und Klosterältesten das Gelübde ab, einen aus 64 Scheiben bestehenden Turm von Hanoi umzubauen. Stunde für Stunde, egal ob während des Tages oder in der Nacht, sollen die Mönche des Klosters eine Scheibe von einem Stab auf einen anderen legen. Sollte zu irgendeiner Zeit der gesamte Turm über einem anderen Stab aufgebaut sein, wird nach der Prophezeiung der gesamte Kosmos zu Staub zerfallen und das Reich Gottes beginnen.

Die Mönche des Klosters haben sich, mit einem siebten Sinn für Mathematik, für die Bewältigung ihres Auftrags eine Strategie zurechtgelegt, die auf Rekursion beruht.

Der älteste Mönch hat den Auftrag, den Turm umzuschichten, direkt vom Ordensgründer bekommen. Diese Aufgabe kann er nicht bewältigen. Sie ist zu schwer für ihn. Deshalb erteilt er dem zweitältesten Mönch den Teilauftrag, den gesamten Turm als 63er-Turm über einer großen Scheibe anzusehen, und diesen 63er-Turm auf Stab 2 zu versetzen. Ist das geschehen, will der älteste Mönch die größte Scheibe nach Stab 3 transportieren. Anschließend soll der zweitälteste Mönch erneut aktiv werden und den 63er-Turm von Stab 2 über der größten Scheibe auf Stab 3 aufbauen. Dann ist der gesamte Auftrag erledigt.

Doch auch der zweitälteste Mönch ist mit seinem Teilauftrag überfordert. Er erteilt deshalb dem drittältesten Mönch die Teilaufgabe, den gesamten Turm als 62er-Turm über 2 großen Scheiben aufzufassen und diesen 62er-Turm von Stab 1 auf Stab 3 zu überführen.

Anschließend würde er, der zweitälteste Mönch, die zweitgrößte Scheibe auf Stab 2 überführen, woraufhin der drittälteste Mönch den 62er-Turm von Stab 3 auf Stab 2 überführen würde. Dann wäre der Auftrag des zweitältesten Mönchs ausgeführt.

So wird das rekursive Prinzip der Arbeitsteilung klar. Es wird

Schritt für Schritt auf die gleiche Weise angewendet und geht weiter bis zum 63. Mönch, dem zweitjüngsten, der dem jüngsten Mönch den Auftrag erteilt, die kleinste Scheibe auf den Hilfsstab 2 zu überführen. Der Jüngste ist der erste Mönch, der sich seiner Order direkt gewachsen zeigt und nichts delegieren muss. Frisch und fromm legt er also die oberste Scheibe von Stab 1 auf Stab 2, ebenso frisch und fromm und fröhlich legt der zweitjüngste Mönch die zweitkleinste Scheibe auf den Zielstab 3. Anschließend ist der jüngste Mönch so frei, die kleinste Scheibe auf Stab 3 legen zu können, womit die Mission der beiden jüngsten Mönche erledigt ist.

Damit ist der Boden bereitet, dass auch der drittjüngste Mönch seine Order bewältigen kann. So geht es aufsteigend weiter bis hin zum ältesten Mönch. Das Rekursionsprinzip hat den Mönchen ermöglicht, ihren Auftrag systematisch durch teilweises Delegieren umzusetzen. Am Ende ist das Ziel erreicht. Die Prophezeiung kann sich erfüllen. Das Paradies kann kommen.

Es handelt sich um eine geniale schleifenförmige Looping-Strategie, mit der sich eine komplizierte und langwierige Rangieraufgabe rekursiv in Teilprobleme mit abnehmender Schwierigkeit zerlegen lässt.

Rekursion ist eine besondere Art der Selbstbezüglichkeit.

Als Ergänzung hier noch zwei Sätze fürs Easy Listening. Sie passen wie angegossen zum Thema:

1. *Dieser Satz trägt dazu bei, die Wahrscheinlichkeit zu erhöhen, dass Sie einem terroristischen Anschlag zum Opfer fallen, weil er Sie momentan mit Schwelgereien in selbstbezüglichen Sätzen davon ablenkt, in Ihrem Umfeld wachsam zu sein.*

2. *Dieser Satz trägt dazu bei, die Wahrscheinlichkeit zu vermindern, dass Sie einem terroristischen Anschlag zum Opfer fallen, weil er Sie momentan für Schwelgereien in selbstbezüglichen Sätzen kritisiert und Sie deshalb an die Notwendigkeit erinnert, in Ihrem Umfeld wachsam zu sein.*

Als Zugabe diese Kleinanzeige:

Tastatur zu verkaufe! ur eie Taste fuktioiert icht.

So weit die Entspannung. Zurück an die Arbeit!
Aus der mönchischen Rekursions-Strategie für den Turm von
Hanoi lässt sich mühelos eine Gleichung für die Anzahl benötig-
ter Züge ableiten.

Schreiben wir Z(64) für die Anzahl der Züge, die für den Umbau
des 64er-Turmes über einem anderen Stab benötigt werden, und
entsprechend Z(63) für einen 63er-Turm.

Um den 64er-Turm von Stab 1 auf Stab 3 umzubauen, werden
zunächst Z(63) Züge benötigt, um die oberen 63 Scheiben von
Stab 1 auf Stab 2 zu überführen. Die auf Stab 1 verbleibende
Scheibe stellt für keinen nötigen Zug des Umbaus des 63er-
Turms eine Einschränkung dar, weil sie die größte Scheibe ist.

Ist der 63er-Turm über Stab 2 errichtet, dann ist ein einziger Zug
ausreichend, um die größte Scheibe von Stab 1 nach Stab 3 zu
überführen. Anschließend werden wiederum Z(63) Züge benötigt, um den 63-er Turm vom Hilfsstab 2 über der größten Scheibe nunmehr auf Stab 3 aufzubauen.

Die Bilanz dieser drei Manöver ist die Gleichung

$$Z(64) = 2 \times Z(63) + 1$$

Die Gleichung erlaubt es, die Zugzahl für einen 64er-Turm auf
die eines 63er-Turms zurückzuführen. Man spricht von einer
Rekursions-Gleichung. Derselbe Zusammenhang besteht zwischen 63er-Turm und 62er-Turm usw. bis hin zum 2er- und 1er-
Turm mit ihren Werten Z(2) und Z(1).
Und was ist dieser Anfangswert Z(1)?
Für einen Turm mit nur einer Scheibe braucht man offensichtlich nur einen einzigen Zug. Somit ist Z(1) = 1. Die Zahlenreihe
der Z-Werte, also Z(1), Z(2), Z(3) … ergibt sich also einfach

durch Verdoppeln der vorhergehenden Zahl und der Addition von 1. Die Zahlenreihe sieht so aus:

$$1, 3, 7, 15, 31, 63, 127, 255 \ldots$$

Es fällt auf, dass diese Zahlen alle in der Nähe von Zweierpotenzen liegen. Das ist in gewisser Weise ein Anfangsverdacht. Er liefert die Basis für die Vermutung

$$Z(n) = 2^n - 1$$

Damit erhielten wir eine Formel, um Zugzahlen direkt und nicht rekursiv zu berechnen. Achtung: Die direkte Formel stimmt zwar für die oben berechneten Werte, doch ist das kein Beweis, dass sie immer stimmt. Wie lässt sich also diese Gleichung für die Zugzahl beweisen?

Wir wollen dieses Problem mithilfe eines anderen Problems lösen. Also die gestellte Frage durch eine andere Frage beantworten, auf die wir die Antwort leicht erhalten können. Auch das ist eine Strategie der Rekursion: Durch eine Aktion ein Problem durch ein anderes, leichteres zu lösen.

Das leichtere Problem sieht so aus: Das Tennisturnier von Wimbledon ist ein K.-o.-Turnier mit einem Anfangsfeld von 128 Spielern. Der für die Durchführung zuständige Turnierdirektor fragt sich, wie viele Spiele ausgetragen werden müssen, bis am Ende der Champion feststeht.

Zunächst überlegt er: Die Zahl 128 ist eine Zweierpotenz. Die $128 = 2^7$ Spieler werden in Runde 1 zu 64 Begegnungen gepaart. Also gibt es 64 Erstrunden-Spiele. Die 64 Sieger ziehen in Runde 2 ein, werden zu 32 Zweitrunden-Begegnungen gepaart, was zu 32 Matchen in dieser Runde führt.

Und so geht es weiter. In der dritten Runde kommen 32 Spieler an. Also 16 Paarungen, somit 16 Begegnungen und somit 16 Drittrundensieger, die in Runde 4 einziehen. So geht es durch ständiges Halbieren weiter bis hin zu 4 Viertelfinalen, zwei Halbfinalen und einem Finale, das den Champion kürt. Somit werden für $128 = 2^7$ Spieler im Anfangsfeld genau

$$64 + 32 + 16 + 8 + 4 + 2 + 1 = 127 = 2^7 - 1$$

Spiele ausgetragen. Schreiben wir $S(7)$ für die Zahl der benötigten Spiele bei 2^7 Spielern, dann haben wir soeben

$$S(7) = 2^7 - 1$$

berechnet.
Auch die Zahlen der S-Reihe liegen also in der Nachbarschaft von Zweierpotenzen. Speziell haben wir auch hier für $S(1)$, $S(2)$, $S(3)$ ...

$$1, 3, 7, 15, 31, 63, 127 \ldots$$

Jedoch sind das alles nur spezielle Fälle. Es gibt bislang keinen allgemeingültigen Beweis. Der lässt sich aber leicht finden. Beim Tennis in K.-o.-Turnieren gelten offenkundig die folgenden einfachen Überlegungen:

1. Bei jedem Spiel gibt es einen Verlierer.
2. Jeder spielt so lange, bis er verliert. Dann spielt er nicht mehr.

Fügt man diese Überlegungen zusammen, wird ersichtlich, dass es bei einem Turnier nach K.-o.-Format genauso viele Spiele gibt, wie es Verlierer gibt.
Wie viele Verlierer gibt es also?
Nun, jeder der Teilnehmer ist letztendlich ein Verlierer, nur der Champion nicht. Er ist der einzige Spieler, der kein Spiel verliert. Somit ist die Anzahl der benötigten Spiele um 1 geringer als die

Anzahl der 128 = 2^7 Teilnehmer am Anfang. Demnach haben wir die Formel für S(7) bewiesen.

Gleichzeitig wird deutlich, dass sich dasselbe Argument für jede beliebige Zweierpotenz 2^n von Spielern in der ersten Runde exakt genauso durchführen lässt. Nichts am Argument war speziell daran, dass es für n = 7 durchgeführt wurde. Demnach haben wir die Beziehung für 2^n Spieler bewiesen.

$$S(n) = 2^n - 1$$

Immer wird ein Spiel weniger benötigt, als es am Anfang Spieler gibt. So weit, so gut. Damit ist das Turnierproblem vollständig gelöst.

Diese geradezu geniale und zugleich genial einfache Argumentation lässt sich leider nicht auf das Turm-von-Hanoi-Problem übertragen. Dennoch wollen wir das Turnierproblem für die Lösung des Turm-von-Hanoi-Problems nutzen.

Die Beziehung zwischen beiden Problemen stellen wir über die Rekursions-Gleichungen her. Für das Turmproblem kennen wir die Rekursion bereits. Wie ist es nun beim Turnierproblem?

Auch dafür ist die Rekursion einfach zu bekommen. Schauen wir uns am Anfang die Setzliste für die erste Runde des Turniers mit 128 = 2^7 Spielern an. Sie hat eine obere Hälfte mit 64 = 2^6 Spielern und eine genauso umfangreiche untere Hälfte mit ebenso 2^6 Spielern.

Das Turnier schreitet in der Art fort, dass die Spieler in der oberen und in der unteren Hälfte der Setzliste separat ein K.-o.-Turnier durchführen. In beiden Hälften der Setzliste bleibt am Ende jeweils ein Spieler übrig. Bis zu diesem Punkt werden in der oberen und in der unteren Hälfte der Setzliste jeweils S(6) Spiele für die 2^6 Spieler jeder Hälfte benötigt. Dazu kommt anschließend noch das Finale, das die beiden Gewinner der oberen bzw. unteren Hälfte der Setzliste austragen. Somit ist

$$S(7) = 2 \times S(6) + 1$$

Auch diese Gleichung gilt ganz allgemein für 2^n Spieler statt 2^7 Spieler:

$$S(n) = 2 \times S(n - 1) + 1$$

Der Anfangswert ist offensichtlich $S(1) = 1$.

»Wat säht uns dat?«, wie man in Köln sagt? Es sagt und zeigt uns, dass wir im Turnierproblem exakt dieselbe Rekursions-Gleichung wie im Turmproblem haben. Sowie auch denselben Anfangswert. Demnach müssen wir in beiden Problemen auch dieselben Lösungen haben. Demnach gilt unsere für das Turnierproblem bereits bewiesene Lösung auch als bewiesene Lösung für das Turmproblem. Es ist also

$$Z(n) = S(n) = 2^n - 1 \text{ und zwar für alle } n = 1, 2, 3 \ldots$$

De facto entspricht das Turmproblem mit n Scheiben genau dem Turnierproblem mit 2^n Spielern. Was im ersten Problem die Zahl der Züge ist, ist im zweiten Problem die Zahl der Spiele.

Fantastisch. Die Mathematik für zwei so unterschiedliche Unternehmungen wie *Turm umschichten* oder *Turnier spielen*, ist exakt dieselbe.

Es gibt im Leben weniger verschiedene Dinge, als wir denken. Mit Mathematik erkennt man, dass viele Dinge, die vermeintlich ganz verschieden sind, im Kern doch gleichartig sind. Das erinnert uns an einen Entertainer, der einmal sagte, dass es im Leben sowieso nur 64 verschiedene Geschichten gebe, die sich immer und immer wieder wiederholen.

Damit ist eigentlich das Wesentlichste gesagt. Bis auf diesen unbeschwerten und verspielten Abschlusshinweis, dass eigentlich alles rekursiv gemacht oder gedacht werden kann.

Auch zum Beispiel die Metaphysik als Meta-Metaphysik. Denn

wie anders soll man einen Cartoon deuten, bei dem einer von zwei älteren Herren, die offensichtlich ins Paradies gelangt sind, den anderen fragt:»Gibt es eigentlich ein Leben nach dem Leben nach dem Tod?« Wenn ja, wie ist es mit einem Leben nach dem Leben nach dem Leben nach dem Tod?

Auf einer ähnlichen Sinnebene zweiter Ordnung liegt auch dieser Satz: Jemand sagte im Fernsehen kürzlich sinngemäß, dass der Sinn des Lebens in der Lebenssinnsuche bestehe.

All das sind Strophen für Drauflos-Philosophen.

Vom Treppen-Trip zur Weltformel

Treppen gibt es in der Menschheitsgeschichte nachweislich seit 10 000 v. Chr. Die Dunkelziffer ist aber noch weit größer, will sagen: Der Bau der ersten Treppe verliert sich im Dunkel der Vorzeit. Ob die allererste Treppe wohl aufwärts oder abwärts geführt hat?

Treppen kommt man jedenfalls schneller herunter als hinauf. Dennoch denken die meisten Menschen bei Treppen an bauliche Elemente, die von unten nach oben führen. An Aufstiegshilfen eben, wie es im Fachjargon heißt.

Ingenieurtechnisch gesehen leisten sie den nützlichen Dienst, einen gewissen Steigungswinkel in kurze leichte Anstiege im Wechsel mit horizontalen Trittstücken zu zerlegen, im Volksmund Stufen genannt.

Will man buchhalterisch oder DIN-genormt genau sein, spricht man von einer Treppe erst ab drei zusammenhängenden Stufen mit einem Steigungswinkel zwischen 20 und 45 Grad. Bei kleineren Winkeln hat man es mit einer Treppenrampe zu tun, bei größeren mit einer Leitertreppe. Was nur zwei Stufen darstellen, dafür gibt's im Deutschen kein eigenes Wort.

Eine Treppe ist ein architektonisches Konstrukt, das scheinbar an Alltäglichkeit und Selbstverständlichkeit kaum zu überbieten ist. Eine Treppe ist eine Treppe ist eine Treppe. Das ist die landläufige Empfindung.

Dennoch lässt sich über Treppen trefflich philosophieren. Viele schlaue Menschen haben schlaue Dinge über Treppen gesagt. Auch kann man offenbar ein sehr inniges Verhältnis zu Treppen entwickeln. Glücksbringerin und Seligmacherin wurde sie für einen bekannten Schriftsteller des 19. Jahrhunderts, der eigentlich als Vertreter des Realismus gilt, wenn auch des poetischen

Realismus. Wilhelm Raabe (1831–1910) war es, der einst zu Papier brachte:»Langsam, Schritt für Schritt die Treppe weiter hinauf! Wahrlich, die Welt bietet nicht solch ein Übermaß von Genüssen, dass man sie in Sprüngen überfliegen dürfte. Und ist nicht jede Stufe, die man augenblicklich aufwärtssteigend betritt, ein Glück? Und ist nicht der Treppenabsatz, auf dem man einen Moment stillhält und sich nochmals fasst, eine Seligkeit?«

Ein intensives Stimmungsbild. Ist es übertrieben, Wilhelm Raabe als Treppen-Enthusiasten zu bezeichnen? Wenn selbst anerkannte Vertreter des Realismus wie er so überschwänglich über das Besteigen von Treppen sprechen, dann müssen wir uns doch unbedingt des Treppensteigens auch mathematisch annehmen. Sie glauben, das geht nicht? Und ob das geht!

Also dann. Wir stehen am Fuß einer Treppe und wollen hinauf. Es steht uns frei, ob wir die jeweils nächste oder die übernächste Stufe betreten.

Wilhelm Raabe fragte, ob nicht jede Stufe, die man aufsteigt, ein Glück sei. Und wenn man den Treppenabsatz erreicht, auf dem man einen Moment stillhält, ob das nicht Seligkeit sei.

Auch wenn der Treppengott uns bislang ein solches Erlebnis auf dem Absatz seiner Treppen vorenthielt, so fühlen wir uns doch inspiriert von der Aussage über den Treppenabsatz, über das Stillhalten.

Wie sind wir von unten eigentlich dort hingekommen? Nach der deutschen DIN-Norm für den Bau von Treppen muss ein Treppenabsatz immer spätestens nach einem Treppenlauf von 18 Stufen kommen. Haben Sie schon mal eine Waschmaschine eine Treppe hinaufgeschleppt? Dann werden Sie diese Vorschrift zu schätzen wissen.

Um nun ernsthafter und einen Hauch mathematischer zu werden, kehren wir dahin zurück, wo wir schon waren: Wir stehen auf dem Treppenabsatz. Hinter uns liegt das DIN-Maximum von 18 erklommenen Stufen seit dem letzten Treppenansatz. Wir haben die Fähigkeit, eine oder zwei Stufen auf einmal zu nehmen. Auf wie viele verschiedene Arten können wir den Weg von Treppenansatz zu Treppenabsatz zurückgelegt haben? Das ist eine Frage, die Sie sich höchstwahrscheinlich noch nie gestellt haben. Dabei ist es eine wichtige Frage. Denn die Antwort strahlt aus und erklärt uns vieles über den Rest der Welt. Mit Fug und Recht lässt sich sogar sagen, dass sie uns einen Weg zur Weltformel weist. Sie denken jetzt vermutlich, das könne wohl nur als Übertreibung gemeint sein? Doch so war es nicht gemeint. Es ist uns aber klar, dass wir Ihnen eine Erklärung schuldig sind.

Zuerst brauchen wir eine Antwort auf die obige Frage. Wir fangen an mit einigen konkreten Gedankenspielen, um ein Gefühl für die Sachlage zu entwickeln.

Eine Möglichkeit, die 18 Stufen zu bewältigen, besteht darin, von Anfang an Doppelschritte zu machen und neunmal hintereinander jeweils zwei Stufen zu nehmen. Eine andere Möglichkeit, achtzehnmal nur eine einzige Stufe zu nehmen.

Das sind die beiden Extreme, und alles zwischen diesen Grundformen geht auch. Also einmaliges oder mehrmaliges Wechseln zwischen Einer- und Doppelschritten.

Welche Zahl von Möglichkeiten gibt es also insgesamt? Nennen wir diese Zahl $M(18)$, um mit der Benennung den 18 Stufen die nötige Ehre zu erweisen.

Eine Auflistung aller Möglichkeiten dürfte wohl ziemlich unmöglich sein. Weil wir mit einer kombinatorischen Explosion der Optionen konfrontiert werden.

Mathematiker bezeichnen die sture Auflistung aller Möglichkeiten als Brute-Force-Methode. Brute Force ist sozusagen die Ochsentour der rohen Gewalt, die sich dem Prinzip Hoffnung hingibt, in überschaubarer Zeit alle Varianten auflisten und abzählen zu können. Wenn die Anzahl aber explosionsartig anwächst, ist man selbst mit brutaler Gewalt total hilflos. Die Chancen, alle in überschaubarer Zeit zu erfassen, stehen dann schlecht: schlechter als für einen Schneeball im Hochofen.

Was also tun?

Ein Hinweis kommt ausgerechnet vom mongolischen Heerführer Dschingis Khan (ca. 1155–1227), der eigentlich eher als Anwender von Brute Force in die Geschichtsbücher Eingang gefunden hat. Doch auch der folgende Grundsatz wird ihm zugeschrieben: Durch Klugheit und List ist jeder zu besiegen, der nur rohe Gewalt zur Verfügung hat.

Fürwahr.

Nachdem der gewaltsame Ansatz gescheitert ist, wie können wir stattdessen Klugheit statt roher Gewalt walten lassen?

Was halten Sie von dieser Idee? Wenn wir auf dem Treppenabsatz der 18. Stufe stehen, dann haben wir den Weg dorthin entweder über Stufe 17 zurückgelegt, oder wir sind über Stufe 16 gegangen, ohne anschließend noch Stufe 17 zu betreten.

Bringt uns das weiter? Enorm!

Es ist sogar der entscheidende Geistesblitz, der den Unterschied macht. Dabei ist es eigentlich eine simple Selbstverständlichkeit und intellektuelle Bagatelle. Aber man muss darauf kommen.

Man muss erkennen, dass es günstig ist, das Zählproblem auf diese Weise im Rückwärtsgang von der 18. Stufe nach unten kombinierend anzugehen.

Warum diese schlichte Erkenntnis nützlich ist? Weil dadurch erkennbar wird, dass die Anzahl der Möglichkeiten, auf Stufe 18 zu gelangen, genau die Summe der Möglichkeiten ist, um bis Stufe 17 bzw. bis Stufe 16 zu gelangen. Man muss also einfach die Möglichkeiten für diese um eine Stufe bzw. zwei Stufen kürzeren Wege addieren.

Damit haben wir das schwierigere Problem der Ermittlung von $M(18)$ auf die einfacheren Probleme der Ermittlung von $M(17)$ und $M(16)$ zurückgeführt. Halten wir das Gesagte als Formel fest:

$$M(18) = M(17) + M(16)$$

Kommt Ihnen das bekannt vor? Genau, das ist eine Rekursions-Gleichung. Natürlich ist sie nicht nur für Stufe 18 gültig, sondern generell. Immer lässt sich die Anzahl der Möglichkeiten, eine bestimmte Stufe zu erreichen, auf die Anzahlen der Möglichkeiten zurückführen, die beiden vorausgehenden Stufen zu erreichen. Nämlich als deren Summe:

$$M(n) = M(n\text{-}1) + M(n\text{-}2)$$

Wir können uns auf diese Weise wie an einer Strickleiter herunterhangeln bis hin zu $M(1)$, denn offenkundig lässt sich $M(16)$ als Summe von $M(15)$ und $M(14)$ darstellen und $M(17)$ als Summe von $M(16)$ und $M(15)$. Und so weiter.

Es ist aber einfacher, nicht von oben nach unten zu gehen, sondern am Anfang anzufangen, also mit $M(1)$ und $M(2)$. Man muss dann die Rekursion nur in die andere Richtung interpretieren. Jeder höhere M-Wert wird errechnet, indem man die nächstkleineren M-Werte addiert.

Der erste relevante Wert $M(1)$ betrifft den Schritt auf die erste Stufe. Ohne lang zu überlegen, weiß man, es gibt nur eine Möglichkeit.

Wie sieht es bei $M(2)$ aus?

Die zweite Stufe lässt sich entweder durch zwei einstufige Schritte erreichen oder durch einen zweistufigen Schritt. Fertig. Insofern ist

$$M(2) = 2$$

Jetzt können wir die rekursive Kurbel ansetzen:

$$M(3) = M(2) + M(1) = 2 + 1 = 3$$

Berechnen wir jede weitere Zahl in dieser Zahlenreihe als Summe der beiden vorhergehenden, sind wir recht schnell bei

1, 2, 3, 5, 8, 13, 21, 34, 55, 89, 144, 233, 377,
610, 987, 1597, 2584, 4181 …

Die letzte notierte Zahl 4181 ist M(18) und damit die gesuchte
Antwort.

Die Zahlenreihe wächst schnell an. Das Empire State Building in
New York hat 1576 Stufen vom Boden bis zur Aussichtsplatt-
form in 320 Metern Höhe. Das sind M(1576) verschiedene Möglichkeiten, um mit Kombinationen von Einzel- oder Doppelschritten hochzukommen. Wie groß ist diese Zahl?

$$M(1576) = 1{,}675 \times 10^{329}$$

Vielleicht hätten Sie gedacht, dass die Zahlenreihe ziemlich
schnell wächst. Aber so rasant? Diese Zahl ist um ein Viel-, Viel-,
Vielfaches größer als die Zahl der Atome im Universum, die auf
vergleichsweise schmächtige 10^{90} geschätzt wird.

Wo wir gerade beim Empire State Building und seiner Treppe
sind … Seit 1978 findet im Treppenhaus ein Treppenlauf über
die besagten 1576 Stufen statt. Für Menschen, die ganz unbe-
streitbar Stufen lieben und denen der Lauf nach oben einen Kick
gibt.

Dazu zählt nach eigener Aussage der deutsche Extrem-Treppen-
läufer Thomas Dold, der das Event zwischen 2006 bis 2012 siebenmal gewann, so oft wie sonst niemand. Offensichtlich hatte
er beim berühmtesten Treppen-Trip der Welt einen Lauf.

Ob er hinab den Aufzug nahm, übrigens auch eine ehrenwerte
Option für den Aufstieg, oder den Parcours wieder runterlief,
vielleicht sogar rückwärts, ist nicht überliefert. Denn Dold war
auch zweimal Weltmeister im Rückwärtsrennen, dem sogenannten Retro-Running. Das aber auf stufenlosen Strecken. Für Dold
ist Treppenlaufen, wie er es ausdrückt, »der direkte Weg auf zum
Himmel«. Auch für die Zukunft wünschen wir ihm Glückauf.

Erweisen wir nun wieder den Zahlen die Ehre. Was wir vor der Abschweifung berechnet haben, ist das Anfangsstück einer der bekanntesten Zahlenreihen überhaupt. Nicht ganz *die* bekannteste. Das wären wohl die natürlichen Zahlen 1, 2, 3, 4, 5, … Denn die werden Tag für Tag, rund um die Uhr und rund um den Globus eingesetzt, um Dinge abzuzählen. Deshalb läuft diese natürliche Zahlenreihe auch irgendwie außer Konkurrenz und zählt nicht mit.

Abgesehen davon ist aber die Reihe der M-Werte die uneingeschränkte Königin unter den Zahlenreihen. Und sie ist Kult. Denn dabei handelt es sich um die in der Mathematik legendären Fibonacci-Zahlen, die ihnen vielleicht bekannt vorkommen (siehe Kapitel »Die Sonnenblume als Zahlentheoretikerin«).

Fibonacci (ca. 1170–1240) gilt als einer der bedeutendste Rechenmeister des Mittelalters. Sein korrekter Name war eigentlich Leonardo Pisano. In seinen Schriften nannte er sich Filius Bonacci, also Sohn des Bonaccio, um seinem Vater Guglielmo Bonaccio Respekt zu erweisen. Wobei Bonaccio für den Gutmütigen steht. Im 19. Jahrhundert wurde der Name von Mathematikern und Historikern zu Fibonacci zusammengezogen. Folglich könnte man von einem Spitznamen sprechen.

Das Hauptwerk von Fibonacci ist das 1202 erschienene, 459 Seiten dicke *Liber Abaci* (Buch vom Abakus). Mit diesem Buch beschritt Fibonacci für die europäische Mathematik ganz neue Wege. Manches von dem darin enthaltenen Wissen war in Europa völlig unbekannt. Seinen Zeitgenossen waren viele von Fibonaccis Gedankengängen völlig unverständlich, insbesondere die Neuerungen beim Zahlensystem.

Statt der damals in voller Blüte stehenden römischen Zahlen propagierte er die Einführung der indisch-arabischen Zahlen, von denen er bei ausgedehnten Forschungsreisen in den Orient Kenntnis erlangt hatte. Schon auf der zweiten Seite des *Liber Abaci* schreibt er:»Die Inder haben die neun Zahlzeichen 9, 8, 7, 6, 5, 4, 3, 2, 1. Mit diesen neun Ziffern und mit dem Zeichen 0 kann jede Zahl geschrieben werden, wie wir später erklären werden.« Das ist eine Aussage von enormer Tragweite, mit der die damaligen Kollegen Fibonaccis vollkommen überfordert waren. Erst knapp drei Jahrhunderte später konnten sich die indisch-arabischen Zahlzeichen in Europa durchsetzen. Zu verdanken ist dies vor allem Johannes Gensfleisch, genannt Gutenberg (1400–1468), der 1450 den Buchdruck erfand, mit dem sich auch Rechenbücher mit hoher Auflage produzieren ließen. Das amerikanische Magazin *Time Life* nannte Gutenbergs Erfindung die wichtigste des gesamten zweiten Jahrtausends.

Auf Seite 124 in Fibonaccis Buch vom Abakus steht ein an sich unscheinbares Problem, die heute unter diesem Namen bekannte *Kaninchenaufgabe*. Mehr als alles andere begründet sie Fibonaccis Nachruhm.

Ein Garten ist mit Mauern abgegrenzt. Darin setzt jemand ein Paar neugeborener Kaninchen aus, ein Männchen und ein Weibchen. Die Natur habe es so eingerichtet, dass jedes Kaninchenpaar zu Beginn des zweiten Monats nach seiner Geburt anfängt, monatlich ein weiteres Kaninchenpaar (w plus m) als Junge zu haben. Wie viele Kaninchenpaare befinden sich ein Jahr später im Garten?

Heute würde man sagen, das ist die Modellierung einer Kaninchen-Population unter bestimmten Voraussetzungen. Und die sind, nebenbei bemerkt, ziemlich unrealistisch.

Wie dem auch sei. Schreiben wir F(13) für die Anzahl der Kaninchenpaare, die sich zu Beginn des 13. Monats im Garten befinden. Das ist die gesuchte Zahl, denn zu Beginn des 13. Monats ist ein Jahr vergangen.

F(13) errechnet sich aus den Anzahlen der Paare des 12. Monats und der zu Beginn des 13. Monats neugeborenen Paare.

Da jedes Kaninchenpaar erst im zweiten Monat nach seiner Geburt beginnt, ein Kaninchenpaar als Nachwuchs zu haben, ist diese Zahl der neugeborenen Paare gleich der Zahl der Paare im 11. Monat. Somit können wir festhalten:

$$F(13) = F(12) + F(11)$$

Auch diese Gleichung gilt nicht nur für die beteiligten Zahlen 11, 12 und 13, sondern ganz allgemein. Somit sind wir auch hier in demselben rekursiven Setting wie beim Treppensteigen. Im jetzigen Fall sind die Anfangswerte für die Rekursion $F(1) = 1$ und $F(2) = 1$, was zu

$$F(3) = F(2) + F(1) = 2$$

führt und schließlich zu

$$F(13) = 233$$

Es ist natürlich lästig, die Werte der Fibonacci-Zahlen rekursiv aus den Anfangswerten zu berechnen. Denken Sie nur an $F(1000)$ oder auch nur an $F(30)$.
Insofern tritt die Frage auf, ob sich Fibonacci-Zahlen auch direkt mit einer Formel berechnen lassen, statt nur indirekt durch wiederholtes Einsetzen in die Rekursions-Gleichung. Auch Fibonacci hat sich diese Frage gestellt. Es gelang ihm allerdings nicht, eine Formel zu finden.
Eine Formel gibt es aber. Doch es vergingen fünf Jahrhunderte, bis der französische Mathematiker Abraham de Moivre (1667–1754) sie 1718 fand. Die eigentliche Formel ist kompliziert. Glücklicherweise gibt es eine genial einfache Abkürzung, die immer funktioniert. Jede Fibonacci-Zahl $F(n)$ ist der zur jeweils nächsten ganzen Zahl gerundete Ausdruck

$$a \times G^n$$

mit der festen Konstanten

$$a = \frac{1}{\sqrt{5}}$$

und der noch viel wichtigeren Konstanten, die wir mit G bezeichnet haben.

Diese Zahl G ist der sogenannte Goldene Schnitt. Ihr genauer Wert ist

$$G = \frac{1}{2} + \frac{\sqrt{5}}{2} = 1{,}618\ldots$$

G ist die Mutter aller Fibonacci-Zahlen.

Auf den ersten Blick könnte sie kaum unscheinbarer sein. Doch wer sich intensiver mit ihr beschäftigt, kann zu dem Schluss kommen, dass wir in ihr der mysteriösesten Zahl des gesamten Zahlenkosmos begegnen.

Der Begriff Goldener Schnitt ist übrigens noch relativ neu. Er geht auf den Mathematiker Martin Ohm (1792–1872) zurück, der ihn in einem Lehrbuch von 1835 erstmals verwendete.

Der Goldene Schnitt wurde durch die Jahrhunderte und Jahrtausende von Wissenschaftlern studiert und teils mit überschwänglichen Attributen bedacht. So auch vom deutschen Naturphilosophen und Mathematiker Johannes Kepler (1571–1630), der sich durch seine drei Gesetze der Planetenbewegungen unsterblich gemacht hat.

In seinem monumentalen Erstlingswerk *Mysterium Cosmographicum* (Weltgeheimnis) von 1596 schrieb der damals 25-Jährige, dass die Geometrie zwei große Schätze beherberge. Den Satz des Pythagoras und den Goldenen Schnitt, den er mit einem Juwel vergleicht. Eigentlich nennt Kepler diese Zahl *Sectio Divina*, die Göttliche Teilung.

Und in der Tat, viele Proportionen und Teilungsverhältnisse bei Menschen, Tieren, Pflanzen spiegeln den Goldenen Schnitt wieder: Die Größe eines Menschen wird von seinem Bauchnabel im

Verhältnis des Goldenen Schnitts geteilt. Der hintere Körperteil einer Biene steht zum vorderen Körperteil in diesem Verhältnis. Die Winkelanordnung der Blätter am Stängel vieler Pflanzen spiegelt ihn wider. Typischerweise sind bei Pflanzen die Blätter spiralförmig um den Stängel angeordnet, mit einem festen Drehwinkel von einem Blatt zum nächsten. Dieser Drehwinkel liegt genau bei 137,5 Grad bzw. in umgekehrter Drehrichtung bei 222,5 Grad, dem verbleibenden Rest zum Vollwinkel. Der Quotient dieser beiden Zahlen ist

$$222,5 : 137,5 = 1,618$$

was ziemlich genau dem Goldenen Schnitt entspricht.

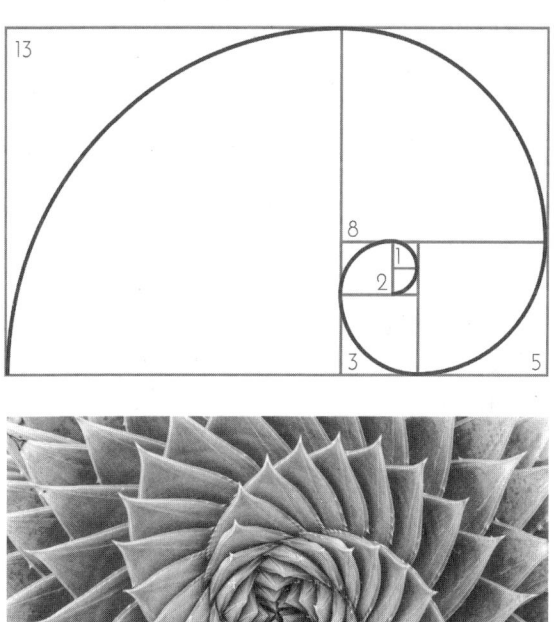

Auch Künstler und Baumeister haben über viele Jahrhunderte den Goldenen Schnitt in ihren Kunstwerken und Bauwerken verwendet. Schon in der Antike war er bekannt. Der deutsche Psychologe Adolf Zeising (1810–1876), der Begründer der mathematischen Ästhetik, hat in seinem 1854 erschienenen Buch *Neue Lehre von den Proportionen des menschlichen Körpers* an zahllosen Beispielen demonstriert, wie sich der Goldene Schnitt in den Proportionen klassischer Statuen und Skulpturen der griechischen und römischen Antike finden lässt.

Je mehr ein menschlicher Körper und speziell das menschliche Gesicht in seinen Proportionen dem Goldenen Schnitt entspricht, desto schöner wird es empfunden. Das war schon bei den alten Griechen und Römern das Schönheitsideal und ist bis heute so geblieben. Was sich zum Beispiel daran ablesen lässt, dass moderne Schönheitschirurgen bei den von ihnen vorgenommenen Korrekturen den Goldenen Schnitt fest im Blick haben.

Auch in der orientalischen Architektur ist der Goldene Schnitt seit mindestens 2600 v. Chr. ein Thema. Nehmen wir die Cheopspyramide. Der griechische Historiker Herodot (ca. 490–425 v. Chr.) hat ausgedehnte Reisen nach Ägypten unternommen. Er beschreibt, was ihm ägyptische Priester über die Baupläne der Pyramiden mitgeteilt haben.

Die Cheopspyramide, erbaut von ca. 2590 bis 2470 v. Chr. ist so angelegt, dass der Flächeninhalt eines jeden der vier Seitendreiecke gleich dem Quadrat der Höhe der Pyramide ist. Dann steht die Höhe jedes Seitendreiecks, also die Länge der Böschung von der Spitze senkrecht zum Boden, mit der halben Seitenlänge der Dreiecke im Verhältnis des Goldenen Schnitts. Dadurch wirken die Seiten der Pyramide besonders harmonisch.

Der Goldene Schnitt kann auch dazu verwendet werden, ein Goldenes Rechteck zu konstruieren. Das sind alle Rechtecke, deren Höhe und Breite im Verhältnis des Goldenen Schnitts stehen. Nach Studien gelten diese Rechtecke als die ästhetisch ansprechendsten Rechtecke.

234

Die Vorderfront des Parthenon-Tempels der Akropolis in Athen, erbaut um 440 v. Chr., ist ebenfalls ein Goldenes Rechteck. Genauso wie die Vorderfront des UNO-Hauptquartiers in New York. Auch die Seitenlängen der heute allgegenwärtigen Kreditkarten stehen in diesem Verhältnis.

Oder nehmen wir den Dom in Florenz. Die Domkuppel wurde vom Baumeister Filippo Brunelleschi (1377–1446) so konstruiert, dass sich Kuppelhöhe und Höhe des Ansatzes der Kuppelwölbung im Verhältnis der beiden Fibonacci-Zahlen 144:89 stehen. Dieser Quotient ist mit 1,61798 ziemlich genau der Goldene Schnitt. Und die Kuppel gilt als »Brunelleschis Wunder«.

Der Goldene Schnitt samt den Proportionen und Formen, die er erzeugt, spielen im Repertoire aller Muster der Welt eine so überragende Rolle, dass man von einer Weltformel sprechen kann.

Es ist eine Zahl mit gewaltigem Charisma und sensationeller Vielfalt, finden Sie nicht? Allein schon deshalb, weil sie an unübersehbar vielen Stellen auftaucht. Nicht nur in jedem Teilgebiet der Mathematik, sondern auch in Natur, Kultur und allen Wissenschaften. Oft aus dem Nichts und in verblüffender Weise. Das zeigt sich jedem, der ihr und den von ihr erzeugten Fibonacci-Zahlen mathematische Aufmerksamkeit schenkt.

Warum sollte man das tun? Weil diese Zahlen ein großer Abenteuerspielplatz sind, auf dem jeder ohne Vorkenntnisse viele eigene Entdeckungen machen kann.

Wenn Sie mögen, schauen Sie doch, was passiert, wenn Sie die Differenzen aufeinanderfolgender Fibonacci-Zahlen bilden. Und mit der dann entstehenden Zahlenreihe noch mal dasselbe veranstalten. Und noch mal …

Und wem danach ist, mag sich vielleicht mit dieser intellektuellen Bastelanleitung beschäftigen:

Er notiere vier aufeinanderfolgende Fibonacci-Zahlen.

Dann subtrahiere er die Quadrate der mittleren beiden Zahlen voneinander.

Anschließend multipliziere er die äußeren beiden Zahlen.
Eine Vermutung liegt auf der Hand, oder?
Versuchen Sie, Ihre Vermutung analog mit vier anderen Zahlen zu bestätigen. Zu verallgemeinern. Zu beweisen.
Viele Eigenschaften dieser Zahlen sind erst seit relativ kurzer Zeit bekannt. Erst seit 1963 weiß man beispielsweise, dass die Antwort auf die Frage, ob es unendlich viele Quadratzahlen unter den Fibonacci-Zahlen gibt, ein sattes Nein ist.
Denn es gibt in ihrem erlauchten Kreis nur endlich viele Quadratzahlen. Zudem lässt sich deren Anzahl auch genau beziffern. Und sie lassen sich sogar identifizieren. Es sind nämlich nur zwei Zahlen: die 1 und die 144. Keine der anderen unendlich vielen Zahlen, die auf den Namen Fibonacci hören, ist quadratisch.
Nun, die 1 ist irgendwie geschenkt, aber was ist das Besondere an 144, dass sie als Quadratzahl-Fibonacci ein Alleinstellungsmerkmal bekommen hat? Auf diese Frage gibt es noch keine Antwort.
Ebenfalls unbekannt ist bis zum heutigen Tag, ob es unendlich viele Primzahlen unter den Fibonaccis gibt oder ob auch ihre Anzahl endlich ist.

Dieser ganze Beitrag versteht sich auch als kleiner Gruß aus der Fibonacci-Küche, um Sie auf den Geschmack zu bringen und zu eigenen Erkundungen anzuregen.

Noch ein paar Nettigkeiten zum Schluss. Fibonacci ist seit Jahrhunderten der Namensgeber für diese illustren Zahlen. Doch im Jahr 1985 fand der Mathematik-Historiker Paramanand Singh Hinweise darauf, dass schon 1500 Jahre vor Fibonacci der indische Linguist und Mathematiker Acarya Pingala (ca. 400 v. Chr.) Wissen über Fibonacci-Zahlen besaß.
Es war die Zeit des klassischen Sanskrit. Und im klassischen Sanskrit gibt es kurze und lange Silben. Eine kurze Silbe, ausgesprochen in einem kurzen Ton, bildet eine linguistische Einheit,

Mora genannt. Die langen Silben sind doppelt so lang und entsprechen zwei Morae. Aus der Kombination von langen und
kurzen Silben entstehen Versmaße.

In der Lyrik des Sanskrit gab es einige weit verbreitete Versmaße,
die eine vorgegebene Länge hatten, zum Beispiel acht Morae.
Pingala befasste sich mit der Frage, auf wie viele verschiedene
Arten man lyrische Verse aus kurzen und langen Silben kompo-
nieren könne. Schreiben wir V(8) für diese Anzahl.

Auch Pingalas Frage führt zu einer für Fibonacci-Zahlen charakteristischen Rekursions-Gleichung. Ein achtsilbiger Vers kann
entweder mit einer kurzen oder mit einer langen Silbe enden. Die
Anzahl aller möglichen Versmuster der Länge 8, die mit einer
kurzen Silbe von nur einem Mora enden, und die vor dieser letzten Silbe eine beliebige Abfolge von langen und kurzen Silben haben, die sich zu 7 Morae addieren, ist V(7). Einverstanden?

Dann sind Sie sicher auch einverstanden, dass wir mit dem glei-
chen Gedankengang die Anzahl V(6) für die verschiedenen
Versmuster erhalten, die mit einer langen Silbe von zwei Morae
Länge enden. Und das ist genau richtig. Damit haben wir die
Beziehung

$$V(8) = V(7) + V(6)$$

Die Anfangswerte sind V(1) = 1 und V(2) = 2. Im zweiten Fall
wegen der beiden Möglichkeiten *kurz/kurz* sowie *lang*.

So dachte auch Pingala vor zweieinhalbtausend Jahren. Und die
Fibonacci-Zahlen waren geboren. Respekt!

Wollen wir Signore Fibonacci seine Fibonacci-Zahlen entreißen?
Nein! Obwohl er sie nur mit einem durchaus unrealistischen
Fortpflanzungsmodell für eine Kaninchen-Population erzeugt
hat, während Pingalas lyrische Anwendung vollkommen realis-
tisch ist.

Immerhin hat Fibonacci die heute sogenannte Fibonacci-Rekur-
sion 1600 Jahre nach Pingala wiederentdeckt. Und er hat die da-

raus entstehenden Zahlen intensiv studiert und eine Reihe ihrer Eigenschaften analysiert, formuliert und mit gültigen Beweisen dingfest gemacht. Das ist ein beachtlicher Beitrag zur Zahlenkunde.

Aber wollen wir Acarya Pingala vollkommen unerwähnt lassen? Wieder nein! Denn Pingala war nach heutigem Wissensstand der eigentliche Geburtshelfer und nicht nur der Wiederentdecker dieser Zahlen.

Was tun?

In der Zeit der Doppelnamen plädieren wir für, ja, einen Doppelnamen. Für uns sind es die Fibonacci-Pingala-Zahlen.

Sofia und die Mathematik

Die russische Mathematikerin Sofia Kowalewskaja war im 19. Jahrhundert eine der berühmtesten Mathematikerinnen. Und das in einer Zeit, als das Studium der Mathematik an den meisten Universitäten für Frauen verboten war.

Sofia Kowalewskaja zog von Russland nach Berlin und wurde eine Schülerin von Karl Weierstraß, einem der berühmtesten Mathematiker des 19. Jahrhunderts.

Nach vier Jahren legte sie Weierstraß drei Arbeiten für ihre Promotion vor. Eine beschäftigte sich mit der Theorie der partiellen Differenzialgleichungen, eine mit der Gestalt der Saturnringe und eine mit den Klassen Abel'scher Integrale. Jede Arbeit für sich wäre einen Doktortitel wert gewesen, aber es fand sich erst einmal keine Universität, die einer Frau die Doktorprüfung abnehmen wollte. Dank der Unterstützung von Professor Weierstraß erhielt sie schließlich von der Universität Göttingen ihre Doktorwürde. Neun Jahre später nahm sie den Ruf der Universität Stockholm für einen Lehrstuhl der Mathematik an. Sie war damit die erste Matheprofessorin der Welt.

Doch wie wurde ihr Interesse an Mathematik geweckt? Sie war noch ein Mädchen, als die Eltern beschlossen, das Wohnhaus der Familie zu renovieren. Alle Zimmer sollten neue Tapeten bekommen. Allerdings hatten sich die Eltern verrechnet, die Tapeten reichten nicht mehr für die Kinderzimmer. Also holte der pragmatische Vater, ein ehemaliger General, einen Papierstapel vom Dachboden und ließ dieses Papier an die Wände von Sofias Kinderzimmer kleben. Dieser Papierstapel war nichts anderes als die Mitschrift einer Mathematikvorlesung, die er als Student an der Universität gehört hatte. Die Formeln auf dieser »Tapete« weckten Sofias Leidenschaft für die Mathematik. Der Rest ist Geschichte.

Die Tango-Technik

Abzählen zu können, ohne zu zählen, ist das, was wir Ihnen beibringen möchten. Sie erhalten eine Einführung in die Kunst, die Menge von Dingen zu bestimmen, ohne sie gedanklich mit den Zahlen 1, 2, 3, 4 ... zu versehen. Abzählen ist so ziemlich die einfachste Art von Mathematik, die es gibt. Sie besteht in der ständigen Addition von 1. Doch wenn sehr viel gezählt werden muss, kann es langwierig und, ja, nervtötend sein. Deshalb ist es cool, Dinge abzählen zu können, ohne sie zählen zu müssen.

Das ist Zen in der Kunst des zahlenlosen Zählens.

Betrachten wir dazu das Treppensteigen. Wir haben schon bei anderen Gelegenheiten lapidare Alltagsdinge durch die Mathe-Brille betrachtet. Genau das machen wir jetzt mit dem Treppensteigen. Wir hoffen, das Unglaubliche möglich zu machen, durchaus im Sinne von Archimedes (287–212 v. Chr.), der da sagte: »Es gibt Dinge, die den meisten Menschen unglaublich erscheinen, die keine Kenntnisse der höheren Mathematik haben.« Mathematisch betrachtet, handelt es sich beim Treppensteigen um eine rekursive Tätigkeit. Über Rekursionen haben Sie ja inzwischen einiges erfahren. Treppensteigen ist deshalb rekursiv, weil ein und dieselbe Aktion, einen Schritt nach oben zu steigen, immer und immer wieder ausgeführt wird. Auf diese Weise verringert sich eine Schwierigkeit, ein Problem oder Hindernis – wie etwa die Überwindung einer Treppe – schrittweise. Die Schwierigkeit wird weniger problematisch bzw. hinderlich. Und verschwindet am Ende ganz.

Beim Überwinden einer Treppe besteht die Aufgabe darin, vom Fuß der Treppe bis nach oben zu kommen. Das ist machbar, wenn wir zwei Dinge schaffen. Wenn es uns zum einen gelingt, auf die erste Stufe zu gelangen. Und wenn es uns zum anderen gelingt, von jeder beliebigen Stufe auf die nächsthöhere Stufe zu gelangen.

Das Zweite ist die Rekursion. Aber selbst wenn wir den rekursiven Teil beherrschen, greift diese Fähigkeit für sich allein genommen ins Leere. Nämlich dann, wenn es uns zu Beginn nicht gelingt, auf die erste Stufe zu kommen. Etwa, weil sich ein Gitter vor der Treppe befindet.

Insofern ist das Prinzip Treppensteigen vergleichbar mit dem Domino-Prinzip. Jede noch so lange Kette einzeln aufgestellter Domino-Steine fällt vollständig, wenn der erste Stein fällt und mit jedem fallenden Stein der direkt folgende umkippt.

Treppensteigen ist insofern etwas anders, weil man mit einem Schritt nicht nur die nächste Stufe, sondern sogar eine höhere Stufe erklimmen kann. Sagen wir die übernächste, um es nicht zu anstrengend zu machen. Nehmen wir also an, man könne bei jedem Schritt eine oder zwei Stufen nehmen.

Nach diesem Vorspiel kommen wir nun zum eigentlichen Thema. Wir wollen die Anzahl der Stufen einer Treppe ermitteln.

Die Methode des britischen Mathematikers John Conway (geb. 1937) besteht nun nicht etwa darin, immer nur eine einzige Stufe zu steigen, sondern auch mal zwei Stufen auf einmal. Aber nicht beliebig, sondern nach einem ganz bestimmten Muster. Das Stufen-Muster lautet 1, 2, 2. Ist es ausgeführt, wiederholt es sich. Zuerst wird ein 1-stufiger Schritt gemacht, dann kommen zwei 2-stufige Schritte. Anschließend fängt man wieder von vorne an. Bei diesem Muster des systematischen Hin und Her zwischen 1-stufigen und 2-stufigen Schritten werden in 3 Schritten 5 Stufen zurückgelegt. Immer je 5 Stufen mit je 3 Schritten.

Ein anderes Muster, das dem Treppensteigen zugrunde liegt, ist der Wechsel zwischen linkem und rechtem Bein. Also links, rechts, links, rechts. Oder umgekehrt.

Das 1,2,2-Muster und das Links-rechts-Muster stehen in Wechselwirkung zueinander.

Werden die beiden Abläufe kombiniert, dann beginnt ein neuer Zyklus mit exakt demselben Bein, mit dem der letzte begann. Nach genau 6 Schritten, in denen 10 Stufen zurückgelegt wurden. Angenommen, wir starten mit dem linken Bein und verfolgen das Schritt-Muster 1, 2, 2. Dann sieht der 6-Schritte-Zyklus so aus:

links (1)
rechts (2)
links (2)
rechts (1)
links (2)
rechts (2)

In Klammern steht jeweils die Anzahl der Stufen, die mit dem entsprechenden Bein genommen wird.

Mit 6 Schritten ist dieser Kombi-Zyklus abgeschlossen. Er hat uns 10 Stufen auf der Treppe weitergebracht. Der nächste 10-Stufen-Zyklus beginnt wieder mit links (1), einem Einzelschritt des linken Beines.

So geht's die Treppe hinauf, step by step oder double-step. Bis ganz nach oben. Es sieht vielleicht kompliziert aus, das durchzuziehen. Doch ist es ganz einfach, weil uns das Abwechseln zwischen linkem und rechtem Bein beim Gehen und natürlich auch beim Treppensteigen in Fleisch und Blut übergegangen ist.

Wer mit diesem Step-Dance die Treppe hochtänzelt, weiß genau, wo er sich innerhalb eines Kombi-Zyklus befindet, wenn er ganz oben ankommt. Ganz oben, das ist der *Austritt,* wie er bei den Treppen-Konstrukteuren heißt. Also die letzte, oberste Stufe, die bündig mit der Ebene abschließt, zu der die Treppe führt.

Wenn wir nun zum Beispiel den Austritt mit dem Schritt *rechts (1)* erreicht haben, so ist das die 6. Stufe innerhalb des 10-stufigen Zyklus. Demnach hat die Treppe

10 x Z + 6 Stufen

Z ist dabei nicht bekannt.

Ist man dagegen mit *rechts (2)* auf der Treppenstufe direkt unter dem Austritt gelandet, so ist das die dritte Stufe innerhalb des 10er-Zyklus. Als Nächstes käme jetzt eigentlich links (2). Damit würde man mit diesem Schritt über das Ziel hinausschießen bzw. -schreiten. Doch es ist nicht nötig, ihn auszuführen. Auch so können wir sagen, dass die Treppe

$$10 \times Z + 4$$

Stufen hat.

Bei den meisten Treppen lässt sich recht gut abschätzen, wie viele 10er-Zyklen man von unten bis oben benötigt hat. Das ist dann die Zahl Z. Es ist die Zehnerstelle der Treppenanzahl, die zum Ziel führt. Meist weiß man ziemlich sicher, dass es zum Beispiel eher 24 und nicht etwa 14 oder 34 Stufen waren.

Bei Treppen mit immens vielen Stufen funktioniert das leider nicht mehr. Um auch ausufernd lange Treppen zu meistern, erweitern wir die Methode von John Conway und machen sie zu einem Allround-Werkzeug für alle Treppen dieser Welt. Egal, ob gerade oder gewendelt.

Fassen wir zunächst zusammen, was wir bislang wissen. Dargestellt mit der Uhren-Arithmetik (in den Kapiteln »Gedächtnisakrobatik« und »Der Schlüssel zur Geheimzahl«) sieht die Gesamtzahl S der Stufen im letzten oberen Fall so aus:

$$S = 4 \bmod 10$$

Falls Sie es gerade nicht mehr parat haben: Diese Gleichung besagt, dass die Zahl S bei Division durch 10 den Rest 4 übrig lässt. Das ist aber nach dem ganzen Aufwand des »mustergültigen« Treppensteigens zu wenig Erkenntnis-Gegenwert. Zu wenig handfeste Information als Output, wenn sich die Anzahl der durchlaufenen Zyklen nicht gut einschätzen lässt und Z deshalb unbekannt bleibt.

Um die Sache konkret und zu einer echten Challenge zu machen, wollen wir unsere Technik an einer Treppe mit Kultstatus verfeinern, der Treppe im Südturm des Kölner Doms. Das ist zwar nicht die längste Treppe Deutschlands, doch immerhin die längste Treppe Nordrhein-Westfalens. Außerdem lebt einer von uns Autoren in der Domstadt, und der andere wurde unweit davon geboren.

Also der Turm des Kölner Doms. Bei seiner Turmtreppe wird deutlich, dass unsere Methode in jetziger Form komplett an ihre Grenzen stößt. Ist man oben angekommen, wird man garantiert nicht wissen, wie viele 10er-Zyklen dafür nötig waren. Außer, man hat sie gezählt. Aber genau das wollen wir ja gerade nicht. Zur Erinnerung: Es gilt Treppenstufen abzuzählen, ohne sie zu zählen. Minimalinvasiv sozusagen. Mit minimaler Mühe.

Na dann. Trotz des erwähnten Nachteils besteigen wir den Turm mit der bisherigen Methode, die auf den 10er-Zyklen beruht. Nicht vergessen: Erster Schritt ist links (1). Am Ende dieser semi-alpinen Leistung hat unser rechter Fuß den oberen Austritt erreicht, nachdem wir mit ihm zuletzt einen 2-stufigen Schritt ausgeführt haben, in einem unvollständigen Zyklus.

Was bedeutet das für die Stufenzahl der Domturm-Treppe? Nennen wir diese Zahl einfach wieder S. Wegen des letzten Schrittes ist S darstellbar als

$$S = 3 \bmod 10$$

Im Klartext heißt das für diesen Fall, wir kennen nur die Einerstelle 3. Mehr nicht. Allerdings haben wir beim Erklimmen der Treppe gespürt, dass es sehr viele Zyklen waren, die wir durchlaufen mussten. Vielleicht waren es 40, vielleicht aber auch 70 Zyklen. Viel genauer werden wir es kaum eingrenzen können. Oben angekommen, können wir auf eine Frage hin kaum mehr mitteilen, als dass der Turm möglicherweise 403, eventuell aber auch 703 Stufen hat. Dass es eine auf 3 endende Zahl ist, da sind wir sicher. Denn wir haben beim Aufstieg ganz akribisch Zyklus für Zyklus durchgezogen.

Wollen Sie unsere Meinung zu dem bisher Erreichten hören? Ziemlich enttäuschend. Das Ergebnis ist viel zu unpräzise. Außerdem sind unsere Oberschenkel weich wie Gummi. Und für morgen ist ein deftiger Muskelkater vorprogrammiert.

Ja, wenn das tatsächlich alles wäre, was wir herausbekommen können, hätten wir gar nicht erst diese Reise in die Mathematik des Treppensteigens begonnen. Auch eine mathematische Sehenswürdigkeit hat sich bisher noch nicht gezeigt.

Aber die kommt noch.

Und zwar jetzt. Die volle Genialität des Verfahrens wird sichtbar, wenn wir vom Turm hinuntergehen. Denn früher oder später ist, wohl oder übel, der Abstieg angesagt. Wir tapsen aber nicht einfach Stufe für Stufe hinunter. Nein, auch für den Abstieg verwenden wir einen bestimmten Zyklus. Aber einen anderen.

Wir konstruieren einen Zyklus, dessen Länge nicht 10 ist, sondern 11. Treppab geht's mit dem 11er-System. Dafür eignet sich das folgende Zusammenspiel von 1-stufigen und 2-stufigen Schritten:

$$1, 2, 2, 2, 2, 2$$

Also mit links beginnend einmal 1 Stufe nehmen und fünfmal hintereinander 2 Stufen. Jeder 6. Schritt ist 1-stufig, alle anderen 2-stufig. Das geht gerade noch so nach Gefühl und ohne abzuzählen. Bei bis zu 5 Dingen spielt unser Gefühl mit, ohne abzuzählen. Nur konzentrieren muss man sich.

So geht das vor sich:

links (1)
rechts (2)
links (2)
rechts (2)

links (2)
rechts (2)

Dann beginnt der zweite Durchlauf wieder mit links (1). Wir nennen es 11er-System, weil uns ein Zyklus mit 6 Schritten 11 Stufen weiterbringt.

Wenn wir mit diesem 11er-System von oben bis unten konsequent die Turmstufen hinuntersteigen, wie kommen wir dann unten an?

Nun, wir landen am Fuß der Treppe, nachdem wir im letzten begonnenen Zyklus soeben den ersten 2-stufigen Schritt mit links gemacht haben. Wenn Sie das nicht glauben, müssen Sie es überprüfen, mit Ihren Füßen im Domturm. Bei einem Lokaltermin.

Vergleicht man mit der obigen Links-rechts-Liste, sind damit 5 Stufen im 11-stufigen Zyklus zurückgelegt. Somit ist die Gesamtstufenzahl des Turmes nach dem Abstieg nunmehr darstellbar als

$$S = 5 \bmod 11$$

Nicht schlecht.

Denn jetzt haben wir immerhin zwei Gleichungen der Uhren-Arithmetik für die Stufenzahl erzeugt. Eine als Lohn der Mühe unseres Aufstiegs nach 10er-System. Sie allein erlaubt allerdings nur die Angabe von S bis auf 10 genau.

Die zweite Gleichung als Ertrag des erfolgreichen Abstiegs nach 11er-System erlaubt, für sich genommen, nur die Angabe von S bis auf 11 genau.

Die erste Gleichung besagt, dass die Stufenzahl bei Division durch 10 den Rest 3 lässt. Die zweite besagt, dass die Stufenzahl bei Division durch 11 den Rest 5 lässt.

Verwenden wir *beide* Gleichungen, so wird die Stufenzahl des Domturms wie Phönix aus der Asche aus einer kleinen Kopfrechnung auftauchen.

Durch konstruktive Kooperation können wir beide Gleichungen dazu bringen, uns die Stufenzahl modulo 10 x 11 auf einem Silbertablett zu servieren. Damit ist gemeint, dass die infrage kommenden Werte von S einen Abstand von 10 x 11 = 110 haben. Hervorragend!

Das ist ein großer Fortschritt. Jetzt wird nämlich von uns nur noch verlangt, die Stufenzahl bis auf 110 genau zu errechnen. Um dann den richtigen Wert durch Einschätzung herauszufiltern.

Das ist absolut machbar. Besonders, nachdem Sie einmal rauf- und wieder runtergegangen sind, dürfte Ihr Gefühl für die Unterscheidung ausreichen, ob es eher 455 Stufen sind oder mit 565 bzw. 345 Stufen genau 110 Stufen mehr bzw. weniger. So viel Gefühl muss sein.

Diese Art der Einschätzung benötigen wir aber erst später. Wir sind noch nicht ganz so weit. Zuvor müssen wir uns darum kümmern, Brauchbares aus unseren beiden Gleichungen zu extrahieren. Wir packen sie in allgemeiner Form an:

$$S = A \bmod M$$
$$S = B \bmod N$$

Daraus wollen wir etwas über S erfahren. Eine Erkenntnis der alten Chinesen ermöglicht das. Sie ist mehr als zweitausend Jahre alt und wurde vom Rechenmeister Sun Zi studiert, der sie in seinem Buch *Sun Zi Suan Jing* (Sun Zis Handbuch der Arithmetik) erwähnt. Die Tatsache wird heute Chinesischer Restsatz genannt. Sun Zi erläutert ihn an einem Rätsel in Versform. Es ist das Problem von der unbekannten Zahl der Dinge.

Es gibt eine unbekannte Zahl von Dingen. Wenn sie in Gruppen zu je drei gezählt werden, haben sie einen Rest zwei, wird in Gruppen von fünf gezählt, einen Rest von drei, mit Gruppen von sieben einen Rest von zwei. Rate die Zahl der Dinge!

Wenn man also die Reste kennt, die bei Division einer unbekannten Zahl durch mehrere andere Zahlen übrig bleiben, kann man die unbekannte Zahl errechnen. Das ist der mathematische Gehalt des Chinesischen Restsatzes.

In China wurden im Altertum viele mathematische Methoden und Prinzipien in volkstümlichen Reimen von Rechenmeistern an ihre Schüler weitergegeben. Einer dieser Reime ist *Han Xin Dian Bing* (General Han Xins Methode, Soldaten zu zählen). Der Überlieferung nach benutzte der um 200 v. Chr. lebende, wegen seiner Weisheit berühmte General Han Xin die Methode des Chinesischen Restsatzes, um die nach einer Schlacht noch lebenden Soldaten zu zählen. Dazu ließ er sie in Reihen zu je 5 und 7 und 9 und 11 antreten und zählte die übrig gebliebenen Soldaten. Da das Produkt

$$5 \times 7 \times 9 \times 11 = 3465$$

die Zahl der Soldaten vor der Schlacht übertraf, lässt sich die Zahl der noch lebenden Soldaten ermitteln.

Der General setzte diese Methode als Schutz gegen Spione ein. Er leitete nur die Reste modulo 5, 7, 9 und 11 an die Heerführung weiter, in der Hoffnung, dass ein eventueller Spion daraus nicht die verbleibenden Soldaten errechnen könne, der Heerführer aber schon.

Heute nennt man solche Gleichungen vom Typ

$$S = A \bmod M$$

übrigens *lineare Kongruenzen*. Die chinesischen Rechenmeister beschäftigten sich schon in den ersten Jahrhunderten vor Christus mit der gleichzeitigen Lösung mehrerer linearer Kongruenzen. Der Grund, warum diese Probleme damals in China auftauchten, waren mathematische Erfordernisse bei der Kalenderberechnung. Alle Kalender sind zyklisch aufgebaut. Die Vier-Jahres-Zyklen mit Schaltjahr, die Jahres-Zyklen mit 12 Monaten usw. Ferner löste man Kongruenzen nach den Umlaufzeiten der damals bekannten Planeten, um die Wiederkehr bestimmter astronomischer Ereignisse vorherzusagen.

Sun Zi beschreibt in seinem Buch auch die Lösung der Aufgabe von der unbekannten Zahl der Dinge. Es ist im Grunde bereits der moderne Lösungsweg.

Gehen wir nun zu unseren beiden Kongruenzen zurück und lösen sie. Wenn die Zahlen M und N als gemeinsamen Teiler nur die 1 haben, also wenn M und N, im Mathe-Slang gesprochen, somit teilerfremd sind, dann kann mittels zweier Hilfszahlen, die wir R und T nennen, die gesuchte Zahl S errechnet werden.

Die erste Hilfszahl R muss gewählt werden als eine Lösung der Gleichung

$$N \times R = 1 \bmod M$$

Die zweite Hilfszahl T muss gewählt werden als Lösung der Gleichung

$$M \times T = 1 \bmod N$$

Mit diesen Hilfszahlen lässt sich S dann bis auf N x M genau berechnen. Konkret haben wir:

$$S = A \times N \times R + B \times M \times T \bmod N \times M$$

Jede derartige Zahl S erfüllt beide linearen Kongruenzen.

Alle Einzelteile für die Berechnung von S sind damit vorhanden. Unsere beiden Schrittmuster auf der Treppe hatten wir mit M = 10 und N = 11 gestaltet. Das Treppauf lieferte A = 3, das Treppab B = 5.

Damit entnehmen wir R aus der Gleichung

$$11 \times R = 1 \bmod 10$$

Anders gesagt, suchen wir ein Vielfaches von 11, welches bei Division durch 10 den Rest 1 lässt. Schon 11 selbst leistet das Verlangte, womit wir R = 1 haben.

Als Nächstes erhalten wir T aus der Gleichung

$$10 \times T = 1 \bmod 11$$

was zu T = 10 führt, weil 10 x 10 = 9 x 11 + 1 ist.

Damit ist die Hauptleistung erbracht. Bleibt nur noch, alle Werte in die Formel einzusetzen:

$$S = 3 \times 11 \times 1 + 5 \times 10 \times 10 = 533$$

Okay, 533. Ist das die Antwort?

Diese Zahl muss noch interpretiert werden. Die Einschätzung ist notwendig, denn S ist nur modulo 110 genau bekannt. Möglicherweise weicht deshalb die tatsächliche Stufenzahl der Domtreppe um Vielfache von 110 von der ermittelten Zahl 533 ab. Jetzt ist unsere Treppenintuition gefragt, die sich nach Auf- und Abstieg entwickelt hat.

Wir behaupten an dieser Stelle, dass man nach einem so innigen Kontakt mit einer Treppe intuitiv spürt, in welchem Hunderterbereich ihre Stufenzahl liegt. Ob es eher 533 oder 423 oder 643 sind.

Wollen wir uns nicht nur auf unsere Intuition verlassen, kann eine Überschlagsrechnung wertvolle Hilfe leisten. Schätzen wir die Turmhöhe auf 130 Meter und nehmen pro Höhenmeter 4 Treppenstufen an, so ergeben sich geschätzte

$$4 \times 130 = 520 \textbf{ Stufen}$$

Jetzt legen wir uns fest. Wir erklären hiermit ganz definitiv, dass der Südturm des Kölner Doms exakt 533 Stufen hat.

Würden wir dafür unsere Hand ins Feuer legen?

Ja!

Das ist umso erstaunlicher, als wir diese Zahl, gänzlich ohne abzuzählen, aus dem Hut gezogen haben. Sie basiert auf einer geni-
alen Choreografie beim Tripp-Trapp auf der Treppe. Die Aus-
wertung wurde mit einer kinderleichten Rechnung vorgenommen, die auf einer mehr als 2000 Jahre alten chinesischen
Erkenntnis beruht. Am Ende kam ein Schuss Intuition hinzu.

Jetzt ist es an der Zeit, das Geheimnis zu lüften. Wissen Sie, wie
viele Stufen der Turm des Kölner Doms hat?

Genau 533 Stufen. Bingo! Fantastisch, oder?

Eine solch wunderbare Methode braucht einen einprägsamen
Namen. Wie wollen wir diese Methode des Zählens nennen?

Unser Vorschlag wäre Tango-Technik, wegen der beim Wechsel
zwischen 1- und 2-stufigen Schritten benötigten Hüftschwünge.
Wie halt beim Tango. Und auch da gibt's außerdem den Wechsel
zwischen Lang- und Kurzschritten.

Die Gebrauchsanweisung der Tango-Technik haben Sie damit
erhalten. Doch wie bei allen Gebrauchsanweisungen folgt auch
hier noch ein Sicherheitshinweis. Achten Sie unter allen Umständen darauf, dass Sie mit dieser Technik nicht auf eine Penrose-Treppe geraten.

Das ist eine Treppe, die 1958 von dem Mathematiker Lionel Pen-
rose (1898–1972) entdeckt wurde, und zwar zusammen mit seinem Sohn Roger (geb. 1931), heute ebenfalls ein berühmter
Wissenschaftler. Es ist eine Treppe, die in sich selbst zurückläuft
und so als endlose Schleife immer nur aufwärts oder, bei Ände-
rung der Perspektive, immer nur abwärts führt.

Die Entdeckung der Penrose-Treppe inspirierte den niederländischen Grafiker M. C. Escher (1898–1972) zu einem weltberühmten Kunstwerk.

Vorsicht also vor Penrose-Treppen. Doch andererseits treten die nur als Grafiken in Kunstwerken auf. In der Realität sind sie physikalisch unmöglich.

Puh, noch mal Glück gehabt.

Wussten Sie übrigens, dass es sogar eine eigene Wissenschaft vom Treppensteigen gibt? Sie heißt Scalalogie. In Frankfurt gibt es sogar die exzellente *Gesellschaft für Treppenforschung*.

Die Scalalogie beschäftigt sich mit allem, was irgendwie mit Treppen und deren Begehung zu tun hat. Was wir gerade berichtet haben, stammt jedoch nicht aus den Lehrbüchern dieser Wissenschaft. Vielmehr hoffen wir, mit der Tango-Technik diese wichtige Wissenschaft bereichert zu haben. Deshalb an dieser Stelle von einem Mathematiker und einem Meteorologen ein Gruß an die umtriebigen Treppenforscher in Frankfurt.

Die Tango-Technik kann sogar noch verfeinert werden. Wenn Sie mit einem Freund den Domturm besteigen, können Sie den vielleicht dazu ermuntern, seine eigenen Tango-Schritte durchzuführen. Er könnte etwa mit einem 7er-Zyklus aufsteigen, nach dem Muster:

links (1)
rechts (2)
links (2)
rechts (2)

Danach könnte er mit einem simplen 3er-Zyklus absteigen. Der 3er-Zyklus erfordert nur links (1) und rechts (2).

Daraus entstehen zwei weitere lineare Kongruenzen. Die Lösung aller vier Gleichungen erhalten Sie

modulo 10 x 11 x 7 x 3 = 2310

Für den Turm des Kölner Doms bedeutet das, dass Sie sich fragen müssen, ob der eher 533 Stufen hat oder 533 + 2310 = 2843 Stufen. Falls da Unsicherheiten bestehen sollten, können Sie sich sogar mit Ihrem Freund beraten.

Mit dieser Tango-for-two-Technik können Sie dann sogar Deutschlands längste Treppe in Angriff nehmen. Die hat stolze 1987 Stufen und befindet sich am Fuße des Sommerbergs in Bad Wildbad im Schwarzwald. Danach sind Sie vom Treppensteigen wahrscheinlich erschöpft, und so beschließen wir dieses Thema.

Wenn bei der Tango-Technik die Rechnung mit den Modulo-Gleichungen abgeschlossen ist und eine Einschätzung der erhaltenen Lösung nötig wird, muss die Bewertung der Lösung natürlich immer aus dem Kontext heraus vorgenommen werden.

Um das an einem Exempel zu statuieren, nehmen wir an, eine ältere Dame sagt Ihnen, dass sie vor 3 Jahren einen runden Geburtstag hatte und vor 5 Jahren eine Schnapszahl mit zwei gleichen Ziffern als Geburtstag. Sie hat es als Rätsel gemeint und fragt Sie, wie alt sie ist. Und sie glaubt, Sie kommen nicht drauf. Allerdings weiß die Dame nicht, dass Sie inzwischen den Chinesischen Restsatz kennen. Kombinieren wir also. Runder Geburtstag bedeutet, es ist eine mit 0 endende Zahl. Da die Dame schon älter ist, vielleicht 60, 70, 80 oder 90 Jahre. Immer ist ein solcher Geburtstag ohne Rest durch 10 teilbar.

Und die Schnapszahl als Alter könnte 66, 77, 88 oder gar 99 Jahre lauten. Diese Zahlen sind alle ohne Rest durch 11 teilbar.

Schreiben wir J für das aktuelle Lebensalter der Frau, dann lassen sich die vorhandenen Informationen durch zwei lineare Kongruenzen erfassen. Die erste bezieht sich darauf, dass sie vor 3 Jahren einen durch 10 teilbaren Geburtstag hatte. Die zweite, dass ihr Alter vor 5 Jahren durch 11 teilbar war.

$$J = 3 \bmod 10$$
$$J = 5 \bmod 11$$

Hoppla! Das sind ja genau dieselben Gleichungen wie für die Treppenstufen im Turm des Kölner Doms! Tatsächlich!

Was bedeutet das denn jetzt? Es bedeutet, dass deren Lösung natürlich zu demselben Ergebnis führt.

$$J = 533 \bmod 110$$

Ist die Antwort etwa 533 Jahre? Das kann ja wohl nicht sein. Natürlich nicht.

Achtung: Unser Ergebnis von 533 mod 110 für das Alter der Frau bedeutet ja *nicht*, dass sie 533 Jahre alt ist. Es bedeutet, dass sich ihr Lebensalter um ein Vielfaches von 110 von der Zahl 533 unterscheidet.

Nötig ist wieder die intuitive Einschätzung der Lösung. Es wird sich zeigen, dass das Alter präzise festgelegt ist. Die Einschätzung fällt nämlich bei diesem Beispiel anders aus als bei den Domtreppen. Denn es sind nur realistische Lebensalter zugelassen. Ziehen wir also so lange 110 von 533 ab, bis wir zu einem plausiblen Lebensalter für die Dame kommen: 533, 423, 313, 203, 93.

Das einzig plausible Lebensalter der älteren Frau ist 93 Jahre. Das passt auch zu dem, was sie über ihre Geburtstage mitgeteilt hat. Vor 3 Jahren hatte sie mit 90 Jahren einen runden Geburtstag, und vor 5 Jahren wurde sie 88 Jahre alt, eine Schnapszahl. Und so wär auch das geklärt.

Zum guten Schluss noch ein kurzer Ausblick: Kann mit der Tango-Technik auch anderes als Treppenstufen abgezählt werden? Aber natürlich. Wenn vor Ihnen auf dem Tisch ein großer Haufen Gummibärchen liegt, können Sie die Gummibärchen abzählen, ohne zu zählen. Und auch ohne ein Gummibärchen-Orakel zu befragen! Sie müssen nur die beiden linearen Kongruenzen aufstellen. Diese Gleichungen stellen wir natürlich diesmal nicht wie beim Treppensteigen mit den Füßen her. Sondern wir schalten auf Handbetrieb um.

Wieder arbeiten wir mit einem 10er- und einem 11er-Zyklus. Die 1- und 2-stufigen Schritte werden durch andere Aktionen ersetzt. Stattdessen nehmen wir entweder 1 oder 2 Gummibärchen vom großen Haufen. Wir arbeiten im Wechsel mit beiden Händen und schieben zum Beispiel gemäß dem Muster 1, 2, 2 jeweils ein oder zwei Gummibärchen abwechselnd mit links und rechts beiseite, bis der große Haufen abgetragen ist. Alles andere verläuft nach demselben Schema wie beim Treppensteigen. Einschließlich Anwendung des Chinesischen Restsatzes. So wird die Tango-Technik zum Allround-Tool des Abzählens.

Bildnachweis